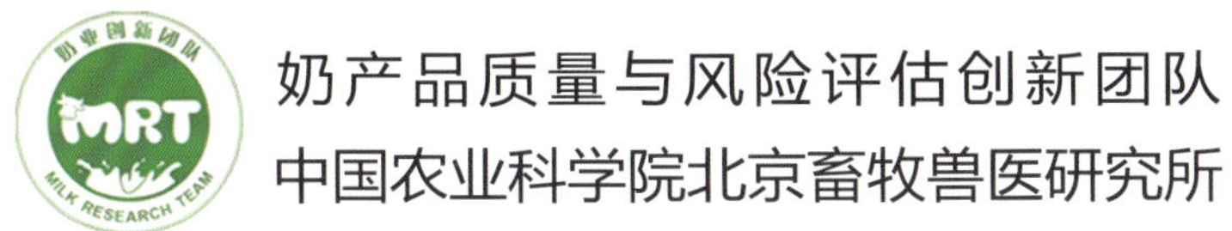

中国奶产品质量安全研究报告

（2020年）

王加启　主编

中国农业科学技术出版社

图书在版编目（CIP）数据

中国奶产品质量安全研究报告. 2020年. / 王加启主编. —北京：中国农业科学技术出版社，2020. 8

ISBN 978-7-5116-4854-9

Ⅰ. ①中… Ⅱ. ①王… Ⅲ. ①乳制品—产品质量—安全管理—研究报告—中国—2020 Ⅳ. ①TS252.7

中国版本图书馆 CIP 数据核字（2020）第 119049 号

责任编辑　金　迪　崔改泵
责任校对　李向荣
出 版 者　中国农业科学技术出版社
　　　　　北京市中关村南大街12号　　邮编：100081
电　　话　（010）82109194（编辑室）（010）82109702（发行部）
　　　　　（010）82109709（读者服务部）
传　　真　（010）82106650
网　　址　http: // www.castp.cn
经 销 者　各地新华书店
印 刷 者　北京地大天成文化发展有限公司
开　　本　787mm × 1 092mm　1/16
印　　张　6.75
字　　数　65千字
版　　次　2020年8月第1版　　2020年8月第1次印刷
定　　价　98.00元

《中国奶产品质量安全研究报告（2020年）》

编 委 会

《中国奶产品质量安全研究报告（2020年）》

编 写 组

主　编：王加启

副主编：郑　楠　张养东　刘慧敏　程广燕　孟　璐
赵圣国　周振峰　李海燕

编　委（按姓氏笔画排序）：

丰东升　王　成　王　倩　王丽芳　车跃光
叶巧燕　李　栋　李　红　李　鹏　李　琴
李爱军　李慧颖　李松励　肖湘怡　杨祯妮
张　进　张佩华　张树秋　陈　贺　郑百芹
赵善仓　姚一萍　高亚男　顾佳升　陶大利
韩荣伟　韩奕奕　程建波　戴春风

前　言

2020年新冠肺炎疫情对全球影响巨大，这提醒人们重新审视食物营养健康的重要性，推动“温饱营养”向“健康营养”转型升级。奶业，无疑将在健康中国、强壮民族中发挥更加突出的作用。

《中国奶产品质量安全研究报告》自2016年以来每年发布，客观、科学地展现奶业发展的状况，重点介绍奶业质量安全技术研究进展。

2019年，农业农村部奶产品质量安全风险评估实验室（北京）和国家奶业科技创新联盟联合11家全国奶产品质量安全风险评估团队和25个省51家乳制品企业，对奶产品质量安全进行了系统评估研究，开发出优质乳三维评价技术和绿色低碳加工工艺，集成创新“优质生乳—绿色工艺—品质评价”一体化质量提升技术，显著提升国产奶核心竞争力。

本报告立足于奶业创新团队的研究结果和国内外资料综述。在内容上，每年有不同的侧重点，而不是面面俱到，也不能解决或回答所有问题。编写本报告仅为做强做优我国奶业，为消费者能喝上优质奶，保障中国人自己的奶瓶子提供一点参考。不足之处，请批评指正。

目　录

第一章　中国奶业基本情况

- 奶业生产
- 乳品加工
- 乳品消费
- 乳品贸易

一、奶业生产

2019年，我国奶类总产量达到3 307万吨，其中牛奶产量3 201万吨，比2018年增加127万吨，增长4.1%，增长幅度创阶段性新高（图1-1）。从奶业区域布局来看，内蒙古*、黑龙江、河北牛奶产量分别为577.2万吨、465.2万吨、428.7万吨，分别占我国牛奶总产量的18.0%、14.5%、13.4%，排名前十的省份牛奶总产量占全国牛奶总产量的82%。奶牛养殖规模化程度继续提高，据农业农村部监测数据显示，2019年，100头以上的奶牛标准化规模养殖场比重占64.0%，同比提高2.6个百分点；奶牛规模养殖综合机械化率达82.4%，规模养殖场挤奶机械化率达100%。奶站监测奶牛存栏460.7万头，奶牛单产7.8吨/年，同比增加7.5%。牛奶平均收购价格为3.7元/千克，同比增长5.5%。2019年国内奶牛养殖效益相对较好，普遍在3 000 ~ 5 000元/头，是自2013年以来形势最好的一年。

---

* 内蒙古自治区简称，全书同

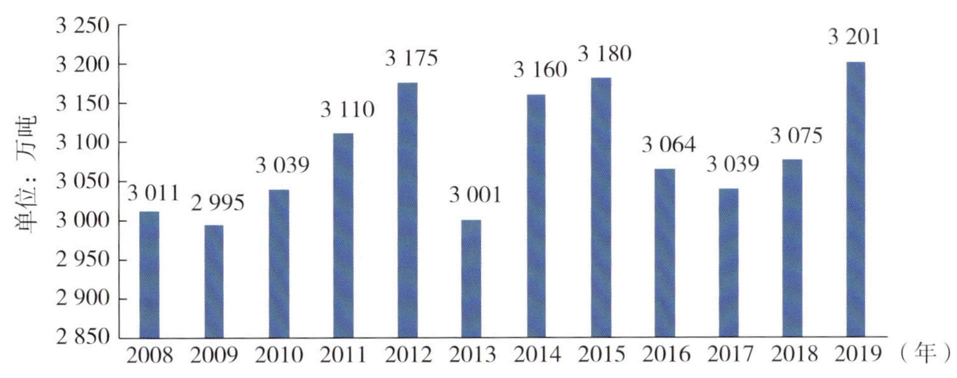

图1-1　2008—2019年我国牛奶产量

数据来源：国家统计局（2019）

二、乳品加工

据国家统计局数据，2019年，我国规模以上乳制品企业累计产量2 719.4万吨（图1-2），同比增长1.2%，其中，液态奶和乳粉产量分别为2 537.7万吨和105.2万吨，与2018年相比，各增长了1.0%和8.0%。其中，河北、内蒙古、山东、河南、黑龙江、宁夏*位居全国乳制品产量前6位，总产量约占全国的一半。国家统计局对规模乳企的监测数据显示，2019年，全国乳制品加工销售总收入3 947.0亿元，同比增长10.2%；加工利润总额379.3亿元，同比增长61.4%；销售收入利润率为9.6%；比2018年高出2.4个百分点。2019年，乳

* 宁夏回族自治区简称，全书同

制品加工量前10位的省份加工量占比达到全国加工总量的67.3%，同比下降0.2%，比2016年下降1.6个百分点，表明加工布局的集中度持续下降。其中，2019年河北省乳制品加工量在各省中最高，约占全国的13.1%，其次是内蒙古，占比约10.6%，山东排第三位，占8.0%（图1-3）。

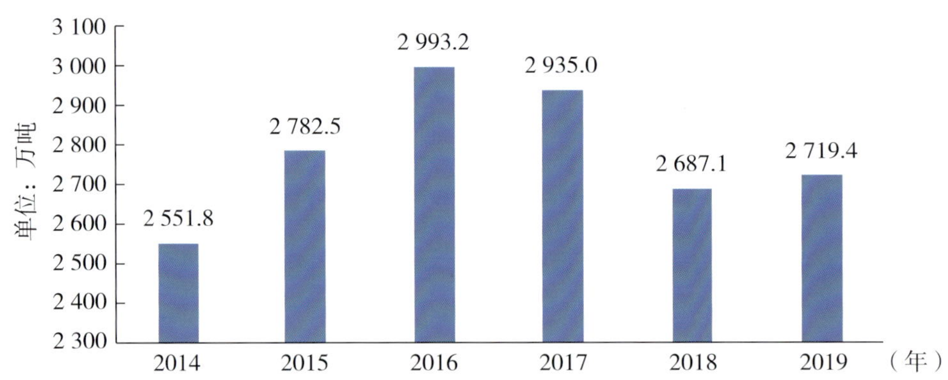

图1-2　2014—2019年规模以上乳制品企业累计产量

数据来源：国家统计局（2019）

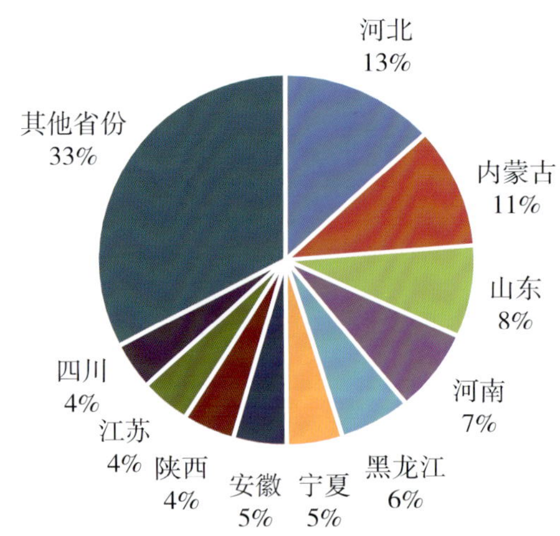

图1-3　2019年全国乳制品产量排名情况

数据来源：国家统计局（2019）

三、乳品消费

我国人均乳制品消费量低，结构单一，在营养改善中发挥的作用不充分，是居民膳食消费的一大短板。2019年，我国人均乳制品表观消费量约35.9千克，仅为全球平均水平的1/3，不足亚洲典型国家的1/2，与典型发达国家饮奶量差距更大（图1–4）。从营养结构上看，2017年我国人均动物蛋白消费量40.4g/天，其中肉类提供53.1%，奶类仅提供6.7%，相比之下，日本、美国、德国及全球乳制品提供动物蛋白的占比分别为14.8%、30.4%、40.2%、25.6%。

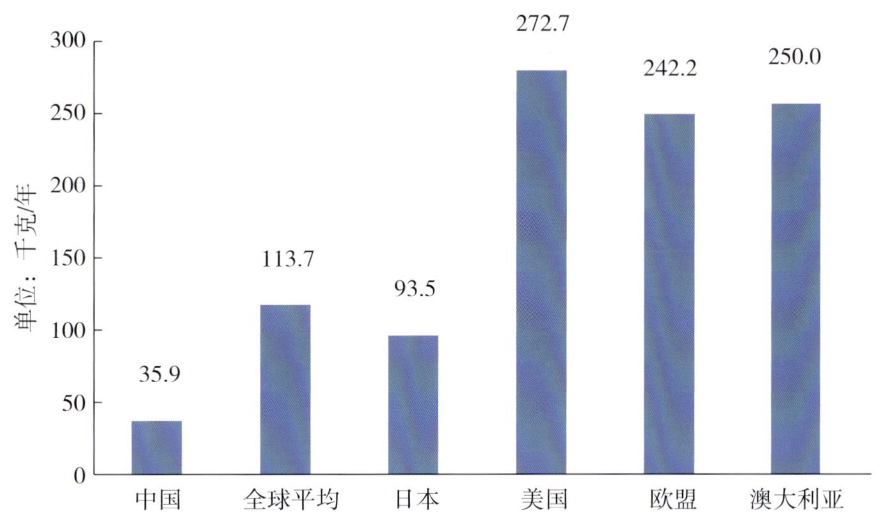

图1–4　全球典型国家人均奶类消费量

数据来源：IDF，*The World Dairy Situation*（2019）

我国乳制品消费主要以液态奶为主，约占70.0%，高出世界平均水平约40.0%，奶酪、黄油等干乳制品消费量很低，奶酪人均消费不足0.1千克/年，相当于欧盟水平的0.5%、日本水平的4.0%。从液态奶内部消费结构看，低温乳制品少、常温乳制品多。据行业数据分析，2019年，低温乳制品消费占比26.0%，其中巴氏杀菌乳的消费占比仅为4.0%，常温乳制品占比高达74.0%。

四、乳品贸易

我国乳制品进口持续增长。据海关总署统计，2019年，我国进口各类乳制品297万吨，同比增加7.1%，折合鲜奶约1 731万吨。其中，进口干乳制品204.9万吨，同比增加6.0%；进口液态奶92.4万吨，同比增加31.3%（图1–5）。液态奶进口大幅增长主要受价格优势驱动，进口价格同比下降8.8%。从干乳制品单个品类来看，大包粉进口增长26.6%，至101.5万吨；奶酪进口增长6.0%，至11.5万吨；婴幼儿配方奶粉进口增长6.4%，至34.5万吨；奶油和乳清进口量大幅下降，进口量分别为8.6万吨和45.3万吨，同比减少24.5%和18.6%（图1–6）。同期，我国共计出口各类乳制品5.44万吨，同比增加0.4%（折合生鲜乳23.45万吨，同比增长4.8%），出口额4.31亿美元，同比增长19.7%。

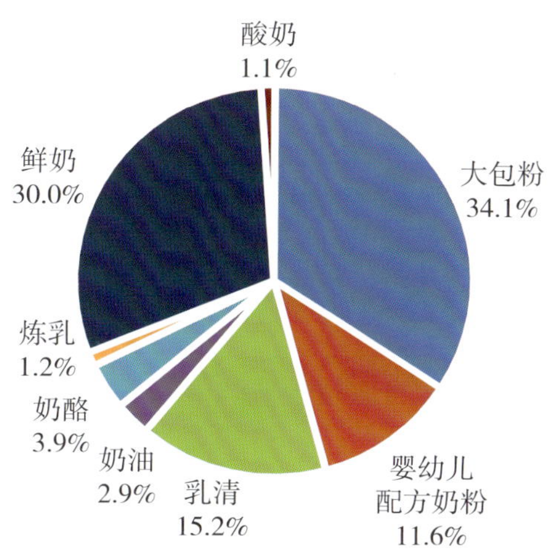

图1-5　2019年我国进口各类乳制品占比情况

数据来源：中华人民共和国海关总署（2019）

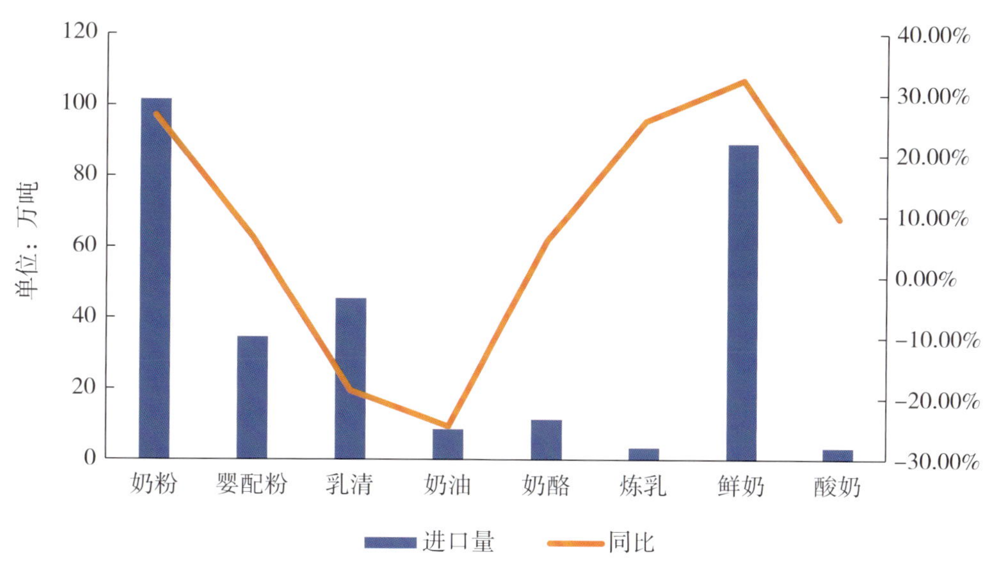

图1-6　2019年我国各类乳制品进口量和同比变化

数据来源：中华人民共和国海关总署（2019）

第二章 国产奶质量安全情况

- 生鲜乳质量安全水平逐年向好
- 乳制品安全高于全国食品安全平均水平
- 国产婴幼儿奶粉质量安全水平高于进口产品
- 国产奶质量安全水平与欧盟比较
- 消费者对国产优质奶的信心逐渐恢复

一、生鲜乳质量安全水平逐年向好

农业农村部奶产品质量安全风险评估实验室（北京）从2009年开始开展生乳质量安全防控技术的研究，先后制定了《良好农村规范　奶牛控制点与符合性规范》《生乳中菌落总数控制技术规范》《生乳中体细胞数控制技术规范》《生乳中黄曲霉毒素M_1控制技术规范》等过程控制标准规范，并在全国推广应用，显著提升了全国生乳质量安全水平。从2014年开始持续跟踪监测应用牧场的生乳质量，结果表明，生乳中菌落总数、体细胞数及黄曲霉毒素M_1含量逐年下降，2019年菌落总数为9.9万CFU/mL，体细胞数为27.5万个/mL，黄曲霉毒素M_1含量为0.01μg/kg，达到欧美标准。

二、乳制品安全高于全国食品安全平均水平

国家市场监督管理总局公布的数据显示，2019年国家食品安全监督抽检中合格食品462.97万批次，不合格食品10.71

万批次，合格比例97.73%，不合格比例2.27%，不合格比例与2018年相比降低了0.2个百分点。乳制品中合格产品7.24万批次，不合格产品0.02万批次，合格比例99.8%，不合格比例0.2%（表2-1），不合格比例与2018年相比降低了0.02个百分点。乳制品合格率高于食品合格率平均水平，且是抽检合格率最高的一类食品，奶制品合格率连续五年在99%以上。

表2-1　2018—2019年国内食品安全比较

项目	2018年		2019年	
	食品	乳制品	食品	乳制品
合格记录数（万）	327.47	5.50	462.97	7.24
不合格记录数（万）	8.12	0.01	10.71	0.02
不合格比例（%）	2.47	0.22	2.27	0.20

数据来源：国家市场监督管理总局

三、国产婴幼儿奶粉质量安全水平高于进口产品

我国自2016年启动婴幼儿配方奶粉“月月抽检计划”，

覆盖国内所有婴幼儿配方奶粉生产企业，检验项目覆盖所有相关食品安全国家标准及部门规章，包括蛋白质、脂肪、碳水化合物等63个检验项目。

2019年，婴幼儿配方奶粉中“三聚氰胺”连续11年“零”检出。截至2019年12月13日，监督抽检婴幼儿配方奶粉2 358批次，检出不合格样品5批次，合格率为99.79%，抽检境内114家企业生产的样品1 721批次，100%合格。抽检境外15个国家和地区53家企业生产的样品637批次，检出不合格样品5批次，涉及英国、新西兰、西班牙和澳大利亚，进口产品不合格率为0.78%。

四、国产奶质量安全水平与欧盟比较

目前我国规模牧场牛奶的乳脂含量基本与欧盟标准持平，乳品检测和质量控制成本占企业总成本比例高于奶业发达国家。据欧盟食品与饲料快速预警系统（RASFF）统计数据，2018年欧盟食品不合格通报3 178起，其中奶产品相关76起，占2.39%，与2017年相比增加0.57个百分点。同年，中国不合格奶产品通报占比为0.22%，较欧盟低2个百分点。

五、消费者对国产优质奶的信心逐渐恢复

为全面了解消费者对国产奶质量安全认知，奶业创新团队2020年3月在北京、浙江、重庆、贵州等12个省（区、市）开展居民乳品质量安全线上调研①。本调研共发放3 000份问卷，收回有效问卷2 996份，问卷回收率为99.9%。

（一）近一半消费者优先选购国产知名品牌乳制品，质量安全是消费者评价"优质奶"的首要标准

据调研，消费者购买乳品时，优先选择国产知名品牌乳制品（占比47.64%），其次为有机认证产品（占比43.72%），选择进口乳制品仅占5.01%。质量安全（占比

① 为保证样本具有全面性和代表性，城市选取以国家统计局2017年对居民人均可支配收入和人均乳制品消费量平均数为依据，将全国32个省份划分为4个典型奶类消费区域，人均可支配收入高于全国平均水平且人均奶类消费量高于全国平均水平的定义为高收入高消费区，以此标准定义其他3个区域分别为高收入低消费区、低收入高消费区和低收入低消费区，每个区域再按照居民人均收入高中低各选取3个典型省份，最终选取了北京、天津、内蒙古、浙江、广东、福建、重庆、河北、甘肃、湖北、黑龙江、贵州12个省（区、市）。由于线上调研用户多集中在青年群体，为保证调研样本分布的合理性，对每个省（区、市）内不同年龄群体、不同城乡群体的调研人群按照一定比例采取随机抽样的原则。

23.44%）、蛋白质与钙含量高（占比16.58%）、具有认证标志（占比14.32%）3个产品属性是消费者评价优质乳品的主要指标。

（二）74.77%消费者认为国产乳制品十分安全或比较安全，消费者对国产奶质量安全认可度高于进口奶

目前，消费者认为国内市场乳制品质量安全状况总体十分安全、比较安全、一般、比较不安全、非常不安全占比分别为10.88%、63.89%、21.33%、3.50%、0.40%（图2-1）。对市场上销售的国产奶质量安全持“十分放心”态度的消费者占比13.99%，该比例是进口奶的3倍，可见大多数消费者认为国产奶更为安全。

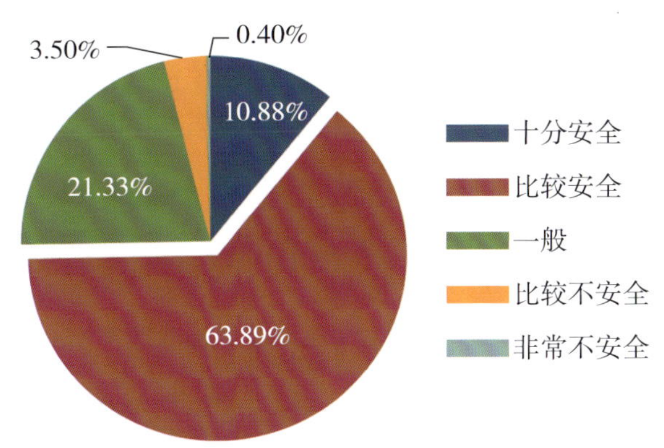

图2-1　消费者对国内市场乳制品质量安全状况总体评价

（三）消费者信任官方渠道发布的乳制品质量安全信息，希望获取乳制品生产不同环节质量安全信息

据调研，高达92.99%的消费者认为乳制品安全事件发生后，政府和企业采取的措施有效地提高了乳制品质量安全水平。消费者更信任官方渠道发布的乳制品质量安全方面的信息，其中对政府相关部委公告、检测机构、协会信任度占比分别为25.03%、23.03%、18.49%（图2-2）。大多数消费者表示在购买乳制品时希望获取关于奶源质量、乳品抽检检验结果等乳制品质量安全信息。

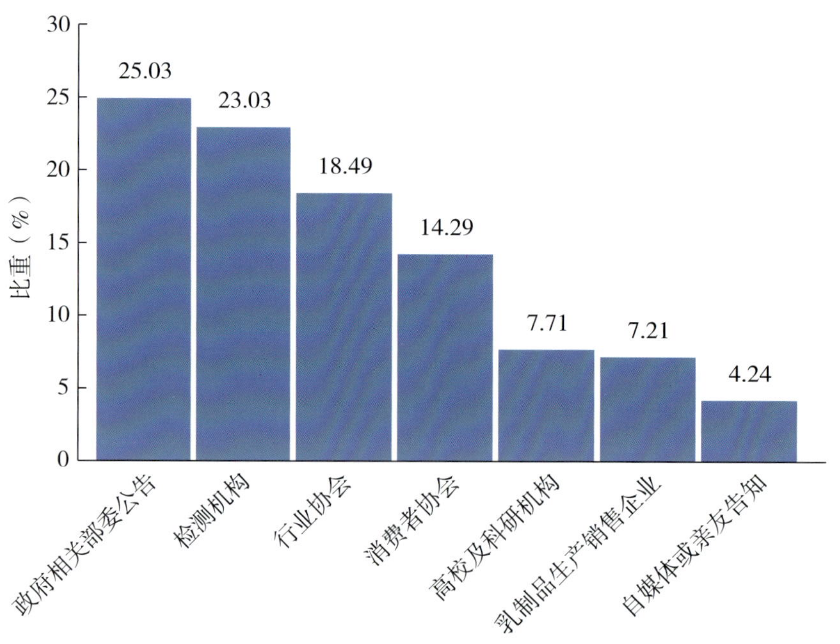

图2-2　消费者对乳制品质量安全信息发布渠道的信任比重

第三章 国产奶与进口奶质量安全水平比较研究

◆ 国产奶与进口奶安全水平比较

◆ 国产奶与进口奶质量水平比较

农业农村部奶产品质量安全风险评估实验室（北京）从2013年开始对我国大中城市销售的液态奶进行调研、检测和验证，系统开展了我国市售国产与进口液态奶质量安全比较研究。该研究得到了国家奶产品质量安全风险评估重大专项和国家奶业科技创新联盟等的支持，也得到了社会各界的普遍认可。从2013年至2019年连续7年的风险评估研究结果表明，我国液态乳制品安全风险完全处于受控范围，整体情况较好，质量水平明显高于进口液态乳制品。

一、国产奶与进口奶安全水平比较

（一）国产UHT奶与进口UHT奶安全指标比较

1. 黄曲霉毒素M_1

黄曲霉毒素M_1（aflatoxin M_1，AFM_1）主要存在于奶中，是一种剧毒物质，具有较强的致病性。国际癌症研究机构将黄曲霉毒素M_1的致癌等级定为1类致癌物。黄曲霉毒素M_1稳定，常见的牛奶加工方式无法破坏其结构，因此各国对奶及奶制品中AFM_1限量的要求非常严格。

农业农村部奶产品质量安全风险评估实验室（北京）从2013年起开展了国产UHT奶与进口UHT奶中黄曲霉毒素M_1的风险评估研究，结果表明国产品牌与进口品牌奶中黄曲霉毒素M_1的含量均没有超过中国和美国0.50μg/kg及欧盟0.05μg/kg的限量标准。

2. 兽药残留

奶牛饲养过程中，由于不合理使用治疗药物和饲料药物添加剂，可能导致生鲜乳中存在兽药残留现象。兽药残留对人体健康具有危害作用，尤其是细菌耐药性风险不断加剧。为保证奶及奶制品中的兽药残留安全，许多国家和组织均制定了相关的法律法规和监控体系，旨在实时监控、有效防范。

农业农村部奶产品质量安全风险评估实验室（北京）从2015年起开展了国产UHT奶与进口UHT奶中兽药残留风险评估研究，结果表明国产品牌与进口品牌均不存在使用违禁兽药或超限量标准的情况。其中2019年开展了八大类61种兽药残留状况的风险评估，未出现超标及违禁药物滥用现象。

3. 重金属铅

乳中重金属污染，主要是铅、铬、汞、砷等具有明显生物毒性的重金属，进入人体后较难排出，在累积效应下，会导致人体发生慢性中毒，甚至导致严重病变。

农业农村部奶产品质量安全风险评估实验室（北京）从2015年起开展了国产UHT奶与进口UHT奶中重金属铅的风险评估研究，结果表明国产品牌与进口品牌重金属铅的平均含量之间无显著性差异（$P>0.05$）。所有国产和进口UHT灭菌奶中铅含量均低于我国限量标准。

（二）国产巴氏杀菌奶与进口巴氏杀菌奶安全指标比较

1. 黄曲霉毒素M_1

农业农村部奶产品质量安全风险评估实验室（北京）从2015年起开展了国产巴氏杀菌奶与进口巴氏杀菌奶中黄曲霉毒素M_1的风险评估研究，连续5年研究结果表明，国产品牌与进口品牌黄曲霉毒素M_1的含量均未超过我国和美国0.50μg/kg及欧盟0.05μg/kg的限量标准。

2. 兽药残留

农业农村部奶产品质量安全风险评估实验室（北京）从2015年起连续开展了国产巴氏杀菌奶与进口巴氏杀菌奶中兽药残留风险评估研究，结果表明国产品牌与进口品牌均不存在使用违禁兽药或兽药残留超标的情况。

3. 重金属铅

农业农村部奶产品质量安全风险评估实验室（北京）从2015年起连续开展了国产巴氏杀菌奶与进口巴氏杀菌奶中重金属铅的风险评估研究，结果表明所有国产和进口巴氏杀菌奶中铅含量均低于我国限量标准。

（三）小结

2015年至2019年连续5年的评价结果表明：国产奶与进口奶中黄曲霉毒素M_1、兽药残留和重金属铅等主要安全因子无显著差异，均符合我国食品安全国家标准，并达到欧美安全限量标准。

二、国产奶与进口奶质量水平比较

（一）国产UHT奶与进口UHT奶质量指标比较

1. 国产UHT奶与进口UHT奶热伤害指标比较

国际上，糠氨酸（Furosine）含量是反映牛奶热加工程度的一个敏感指标。糠氨酸含量过高，表明牛奶的受热程度高、保存时间长或者运输距离远。生乳中糠氨酸含量微乎其微，约为2～5mg/100g蛋白质，且含量不受奶牛品种和饲养环境变化影响。但是经过热加工后，乳制品中糠氨酸含量升高，其原因是乳中蛋白质的氨基在受热条件下，与乳糖的羰基发生了美拉德反应，生成糠氨酸。糠氨酸的含量主要与乳制品的加工工艺相关，反映了乳制品中赖氨酸的破坏程度，是乳制品中早期美拉德反应的特异性标示物，可指示乳制品热处理的强度。在牛奶中，糠氨酸经常作为评估牛奶营养物质热损伤程度的指标，糠氨酸的生成量与牛奶中活性营养成分含量呈负相关。糠氨酸还可以作为检测巴氏杀菌奶和UHT奶中是否添加复原乳的重要指标，因此，通过检测乳制品中的糠氨酸含量可以推测其热加工强度范围。

农业农村部奶产品质量安全风险评估实验室（北京）从2015年起开展了国产UHT奶与进口UHT奶中糠氨酸的风险评估研究，连续5年研究结果表明，国产品牌的糠氨酸平均值均显著低于进口品牌的糠氨酸含量平均值（$P<0.05$）。2019年国产UHT奶糠氨酸含量平均值为199.4mg/100g蛋白质，而进口UHT奶糠氨酸含量平均值为277.4mg/100g蛋白质（图3-1），超过了国际超高温瞬时灭菌乳的糠氨酸含量推荐标准250mg/100g蛋白质（Schlimme等，1996）。

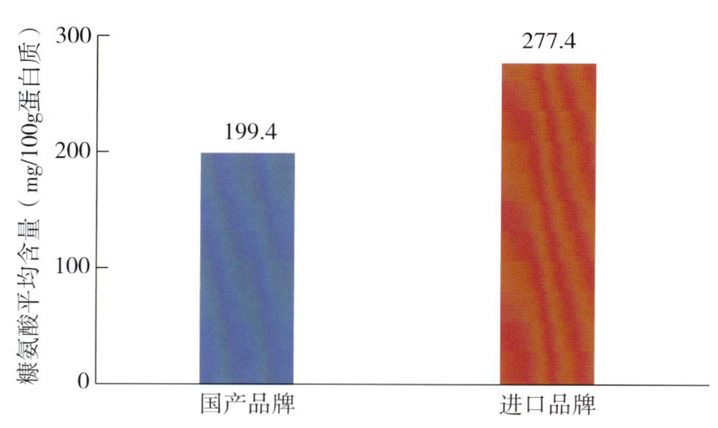

图3-1 UHT奶糠氨酸含量比较

2. 国产UHT奶与进口UHT奶营养品质指标比较

β-乳球蛋白（β-lactoglobulin）是乳清蛋白主要成分之一，占总蛋白质12%左右，占乳清蛋白50%左右。β-乳球蛋白的水解物或分子修饰物具有降胆固醇与抗氧化等生理活性，是牛奶中的重要活性因子。

农业农村部奶产品质量安全风险评估实验室（北京）从2016年至2019年，连续4年开展了国产UHT奶与进口UHT奶中β-乳球蛋白评估研究，结果表明国产品牌的β-乳球蛋白含量平均值高于进口品牌的β-乳球蛋白含量平均值。2019年国产品牌β-乳球蛋白含量平均值为159.9mg/L，而进口品牌β-乳球蛋白含量平均值为59.2mg/L（图3-2）。

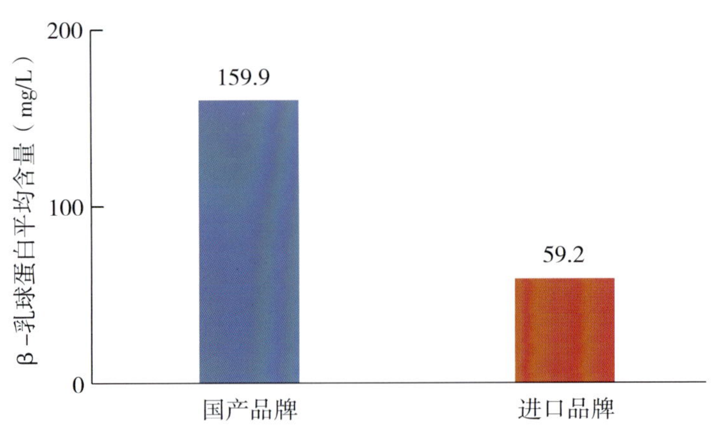

图3-2　UHT奶β-乳球蛋白含量比较

（二）国产巴氏杀菌奶与进口巴氏杀菌奶质量指标比较

1. 国产巴氏杀菌奶与进口巴氏杀菌奶热伤害指标比较

农业农村部奶产品质量安全风险评估实验室（北京）从2015年起开展了国产巴氏杀菌奶与进口巴氏杀菌奶中糠

氨酸的风险评估研究，结果表明国产品牌的糠氨酸含量平均值均显著低于进口品牌的糠氨酸含量平均值（$P<0.05$）。2017年至2019年，国产品牌糠氨酸含量平均值从26.7mg/100g蛋白质下降至18.4mg/100g蛋白质，而进口品牌糠氨酸含量平均值从49.2mg/100g蛋白质上升至60.3mg/100g蛋白质（图3-3）。

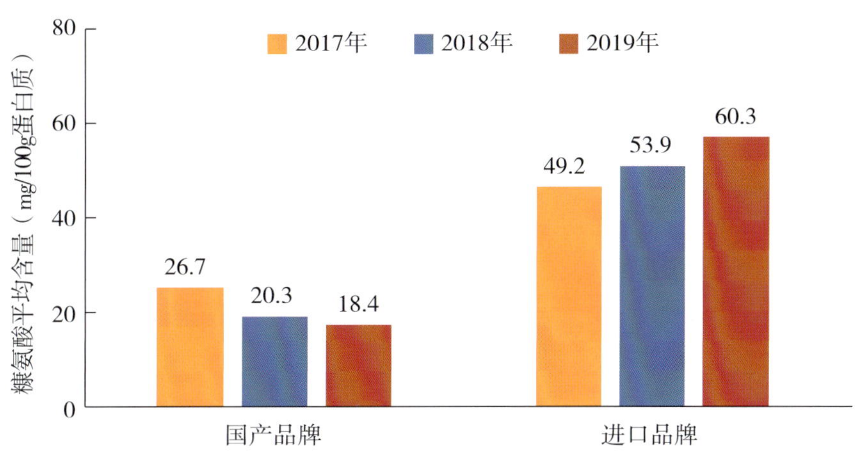

图3-3　巴氏杀菌奶糠氨酸含量比较

2. 国产巴氏杀菌奶与进口巴氏杀菌奶营养品质指标比较

（1）乳铁蛋白

农业农村部奶产品质量安全风险评估实验室（北京）从2017年起开展了国产巴氏杀菌奶与进口巴氏杀菌奶中乳铁蛋白评估研究。2017年至2019年，国产品牌乳铁蛋白含量平均值分别为10.4mg/L、24.3mg/L、24.5mg/L，而进口品牌乳铁蛋白含量平均值为1.3mg/L、4.6mg/L、4.7mg/L（图3-4）。国产品牌的乳铁蛋白含量平均值均显著高于进口品牌的乳铁蛋白含量平均值（*P*<0.05）。

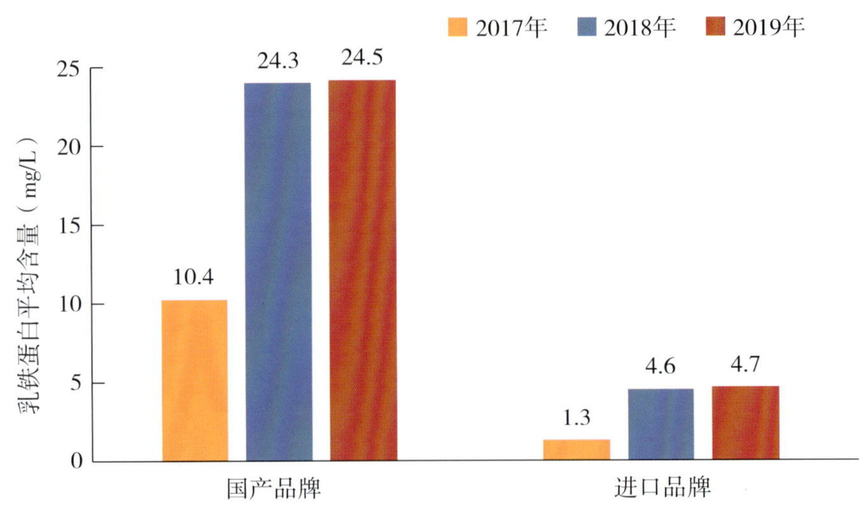

图3-4　巴氏杀菌奶乳铁蛋白含量比较

（2）β-乳球蛋白

农业农村部奶产品质量安全风险评估实验室（北京）从2016年起开展了国产巴氏杀菌奶与进口巴氏杀菌奶中β-乳球蛋白评估研究。2017年至2019年，国产品牌β-乳球蛋白含量持续提升，平均值从1 141mg/L上升至2 436mg/L，而进口品牌β-乳球蛋白含量平均值约为200mg/L（图3-5）。国产品牌的β-乳球蛋白含量平均值均显著高于进口品牌的β-乳球蛋白含量平均值（*P*<0.05）。

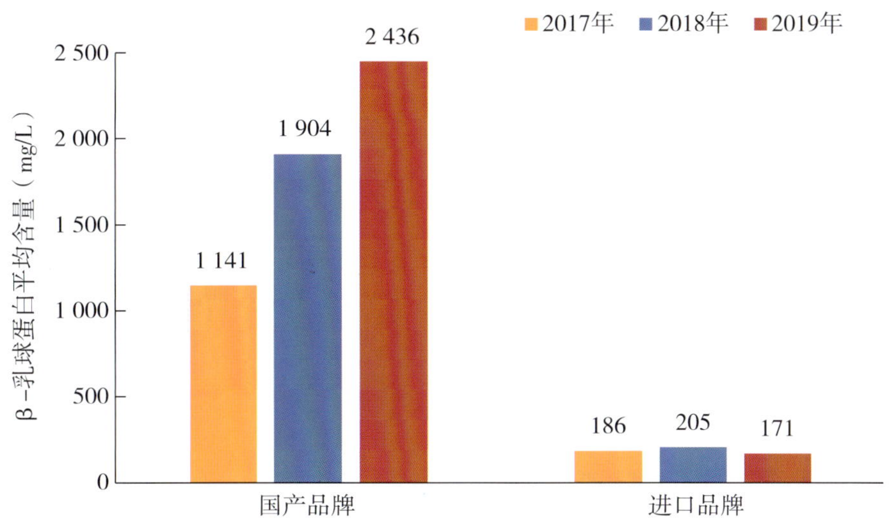

图3-5 巴氏杀菌奶β-乳球蛋白含量比较

（三）小结

2015年至2019年连续5年的评价结果表明：进口奶的糠氨酸含量显著高于国产奶，而乳铁蛋白和β-乳球蛋白含量则显著低于国产奶。由此可见，进口奶存在过度加热或长期贮存的情况，造成牛奶中乳铁蛋白等生物活性物质损失严重。

第四章 中国优质乳工程

- 优质乳工程的影响力不断扩大
- 优质乳工程管理制度规范
- 国产优质奶质量远优于进口奶
- 千人品鉴优质乳活动

优质乳是全球奶业发展的方向，其核心理念是为消费者提供真正的健康安全、低碳绿色、营养鲜活的奶产品。农业农村部积极探索机制创新，2016年成立国家奶业科技创新联盟（图4-1），大力实施优质乳工程。优质乳工程包括优质乳标识、优质生鲜奶用途分级标准、优质乳加工工艺规范和优质乳产品评价4个科学内涵。奶业创新团队在20余年科研积累的基础上，联合全国多家奶业产学研单位协同创新，先后完成了生乳用途分级、乳品绿色低碳加工工艺、牛奶品质评价等重要技术研究，提出了奶业优质绿色发展的核心指标，构建了优质乳工程技术体系，并在全国推广示范，取得了显著的成效，首次明确提出“优质奶产自本土奶”的科学理念，明确了国产奶与进口奶的战略定位，提升国产奶的竞争力。

图4-1　国家奶业科技创新联盟成立会议

一、优质乳工程的影响力不断扩大

（一）优质乳企业数量逐年增加

自2016年9月6日，昆明雪兰牛奶有限责任公司成为我国首家通过“中国优质乳工程”巴氏奶验收的企业以来（图4-2），截至2019年12月31日，申请加入优质乳工程企业共51家，分布在全国25个省（市、区），29家通过国家奶业科技创新联盟优质乳工程验收，其中2016年验收3家企业，2017年新增验收11家企业，2018年新增验收14家企业，2019年新增验收1家企业（图4-3）。另外，尚有22家企业正在实施优质乳工程（图4-4）。

图4-2　昆明雪兰牛奶有限责任公司通过“中国优质乳工程”巴氏奶验收会议

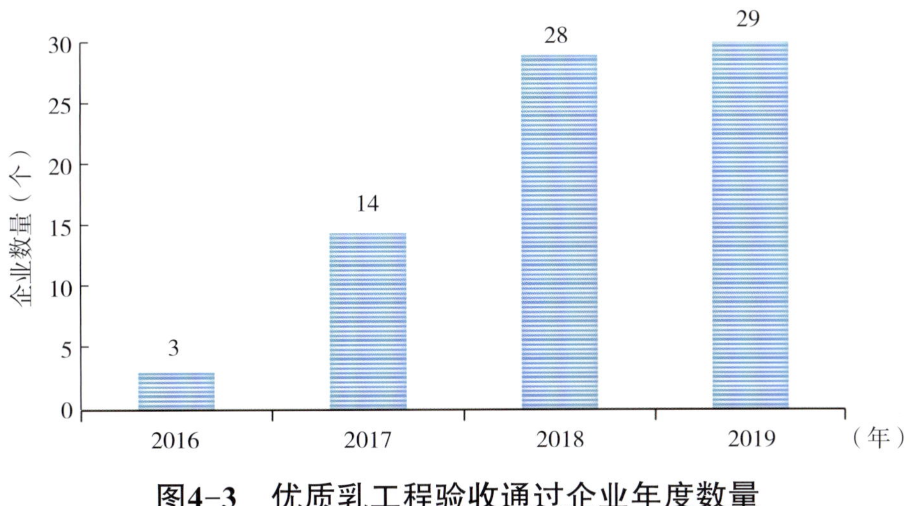

图4-3　优质乳工程验收通过企业年度数量

（二）优质巴氏杀菌奶的市场份额逐年增大

随着通过优质乳工程验收的企业逐渐增多，优质乳产量逐年增加，2019年生产优质巴氏杀菌奶占全国规模企业巴氏杀菌奶产量的90%。优质乳企业和优质乳产品在各地发挥着重要作用，2019年，光明乳业的优质乳产量占全国巴氏杀菌乳产量的37.8%，分别销售到全国31个省市；长富乳业巴氏杀菌奶在福建市场市占率达到95%；新希望的"24小时"鲜奶生产和销售已经深入西南、华北、华中、华东等地区市场；燕塘乳业实现向我国澳门直供巴氏杀菌奶等。

优质乳工程技术体系实施进展

25个省份，51家企业实施

29家通过验收企业名单：

	企业	省份
1.	昆明雪兰牛奶有限责任公司	云南
2.	现代牧业（蚌埠）有限公司	安徽
3.	现代牧业（塞北）有限公司	河北
4.	福建长富乳品有限公司	福建
5.	辽宁辉山乳业集团（沈阳）有限公司	辽宁
6.	杭州新希望双峰乳业有限公司	浙江
7.	四川新华西乳业有限公司	四川
8.	重庆市天友乳业股份有限公司	重庆
9.	青岛新希望琴牌乳业有限公司	山东
10.	中垦华山牧乳业有限公司	陕西
11.	光明乳业股份有限公司华东中心工厂	上海
12.	上海乳品四厂有限公司	上海
13.	河北新希望天香乳业有限公司	河北
14.	新希望双喜（苏州）有限公司	江苏
15.	广东燕塘乳业股份有限公司	广东
16.	广州风行乳业股份有限公司	广东
17.	山东得益乳业股份有限公司	山东
18.	北京光明健能乳业有限公司	北京
19.	广州光明乳品有限公司	广东
20.	浙江省杭江牛奶公司乳品厂	浙江
21.	成都光明乳业有限公司	四川
22.	武汉光明乳品有限公司	湖北
23.	南京光明乳品有限公司	江苏
24.	上海永安乳品有限公司	上海
25.	西昌新希望三牧乳业有限公司	四川
26.	安徽新希望白帝乳业有限公司	安徽
27.	南京卫岗乳业有限公司	江苏
28.	湖南新希望南山液态乳业有限公司	湖南
29.	河南花花牛乳业有限公司	河南

22家正在实施优质乳工程的企业：

	企业	省份
1.	贵州好一多乳业有限公司	贵州
2.	新疆天润生物科技股份有限公司	新疆
3.	云南乍甸乳业有限公司	云南
4.	广泽乳业有限公司	吉林
5.	湖北俏牛儿牧业有限公司	湖北
6.	杭州味全食品有限公司	浙江
7.	天津海河乳业有限公司	天津
8.	山西九牛牧业有限公司	山西
9.	湖南优卓食品科技有限公司	湖南
10.	君乐宝乳业有限公司	河北
11.	贵阳三联乳业有限公司	贵州
12.	浙江一鸣食品股份有限公司	浙江
13.	广东温氏乳业有限公司	广东
14.	临沂格瑞食品有限公司	山东
15.	甘肃祁牧乳业有限责任公司	甘肃
16.	大同市牧同乳业有限公司	山西
17.	扬州市扬大康源乳业有限公司	江苏
18.	黑龙江飞鹤乳业有限公司	黑龙江
19.	安徽曦强乳业集团有限公司	安徽
20.	中宁县黄河乳制品有限公司	宁夏
21.	邯郸市康诺食品有限公司	河北
22.	湛江燕塘乳业有限公司	广东

图4-4　优质乳工程技术体系实施进展

（三）国产奶优质发展，进口奶价降量增

1. 十年交织，国产奶与进口奶各定其位

2008年“三聚氰胺”事件，导致消费者对国产奶消费信心下降，进口奶很受市场追捧，借机走上“神坛”，在价格明显高于国产奶价格的情况下，进口数量连年攀升。以液态奶为例，2009—2011年平均进口价格分别为10.2元/L、11.8元/L和9.6元/L，每升价格比同期国产液态奶分别高出2.5元、4元和1.1元，年进口增速高达73.3%，呈现出理想的“价高量增”出口模式。

2008年以来，党中央、国务院及行业部门积极采取有力措施加强乳品质量监管，提升国产奶消费信心。先后出台了《乳品质量安全监督管理条例》《关于推进奶业振兴　保障乳品质量安全的意见》等法规文件，为提升乳品质量、促进奶业振兴提供强有力制度保障；农业农村部等九部委联合发布《关于进一步促进奶业振兴的若干意见》，始终把加强优质奶源基地建设、做强做优乳制品加工业和培育优质品牌作为重点任务，持续开展生鲜乳质量安全监测，发布《中国奶业质量报告》，加强复原乳标签标识管理，扩大产业与消费之间的信息交流。

农业农村部积极探索机制创新，成立国家奶业科技创新联盟，大力实施优质乳工程，首次明确提出“优质奶产自本土奶”的科学理念，明确了国产奶与进口奶的战略定位。

十年卧薪尝胆，国产液态奶品质不断提升，倒逼进口液态奶不得不依靠降价争抢市场。2019年，进口液态奶平均价格为8.3元/L，比2009年10.2元/L降低1.9元/L，降价幅度达到19%以上（图4-5）。至此，进口奶走下价高量增的神坛，国产奶开始优质发展的格局基本形成。

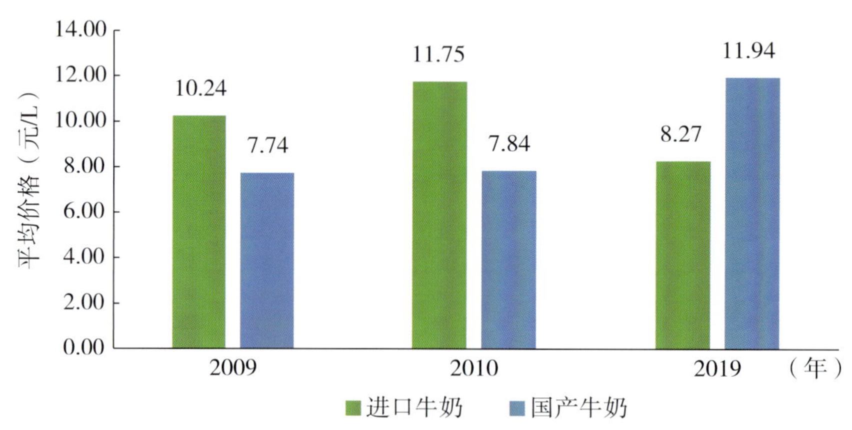

图4-5　2009—2019年进口液态奶和国产液态奶价格

2. 非洲猪瘟情况下国产奶与进口奶呈现双增长

2019年受非洲猪瘟持续影响，猪肉产量大幅下滑，产量为4 255万吨，同比下降21.3%。猪肉产量下降推动消费者寻求可以替代的动物蛋白来源，2019年禽肉产量同比上升12.3%，牛肉产量同比上涨3.6%，羊肉产量同比增长2.7%。

毫无疑问，牛奶也是替代猪肉的最优质动物蛋白来源之一。2019年无论国产奶还是进口奶，数量都有明显增长。2019年我国奶业生产呈现恢复增长，据农业农村部监测，1—12月全国生鲜乳产量同比增长5.8%。2019年我国共计进口各类乳制品297.3万吨，进口数量同比增加12.8%。其中直接饮用的液态奶92.4万吨，进口数量同比增加31.3%，平均价格仅为8.3元/L，价格同比下降4.9%。2019年国产液态奶平均价格为11.9元/L。可见，进口液态奶以降价扩大市场份额的策略十分明显。

二、优质乳工程管理制度规范

（一）优质乳工程管理制度健全

为规范优质乳工程实施，加强对优质乳企业和优质乳产品的管理，根据农业农村部和国家农业科技创新联盟的相关管理规定，以及国家奶业科技创新联盟章程，2016年制定了《优质乳工程管理办法》（以下简称办法），经过两年的实践检验，并于2018年8月30日“第二届中国优质乳工程发展论坛”正式对外发布（图4-6）。办法共含9章和5个附件材料，从总则、实施细则和监督管理等方面详细规范了自愿加入优质乳工程的成员的权利和义务。依据优质乳工程管理办法，自2018年，制定抽检和复评审制度后，2018年对5家企业进行抽检，2019年对19家企业进行抽检，抽检产品全部符合优质乳产品标准；2018年2家企业、2019年7家企业的优质乳产品通过了复评审。

图4-6　第二届中国优质乳工程发展论坛发布优质乳工程管理办法

（二）优质乳产品评价标准国际领先

为了科学地生产和评价优质乳，奶业创新团队等先后提出我国首个生乳用途分级技术，以蛋白质、脂肪、菌落总数和体细胞数为核心指标，制定了包括《优质生乳生产与牧场管理技术规范》《生乳用途分级技术规范》《特优级生乳》《优级生乳》4项原奶分级团体标准；开发出绿色低碳加工工艺，巴氏杀菌奶加工温度由105℃下降到75℃，制定了《优质巴氏杀菌乳加工工艺技术规范》《优质超高温瞬时灭菌乳加工工艺技术规范》2项操作规范类团体标准；创建了基于碱性磷酸酶—乳铁蛋白—糠氨酸的巴氏杀菌奶产品三维评价模型（图4-7），制定《优质巴氏杀菌乳》《优质超高温瞬时灭菌乳》《高温巴氏杀菌乳》3个产品团体标准；在国际上率先建立了检测未变性乳铁蛋白的检测方法，制定了《奶及奶制品中乳铁蛋白的测定　液相色谱法》《奶及奶制品中β-乳球蛋白的测定　液相色谱法》《巴氏杀菌乳中碱性磷酸酶活性的测定　发光法》3项检测技术相关团体标准。将原奶分级标准、产品标准、操作规程标准、检测方法标准集成应用，创建了优质乳标准化技术体系，实现从原奶生产—加工工艺—产品评价的全过程控制和品质安全保障。这一系列团体标准由天津市奶业科技创新协会印发，并于2019年10月29日“粤港澳大湾区奶业发展论坛”（图4-8和图4-9）和2019年11月26日“首届中国奶业新鲜峰会”正式发布（图4-10）。

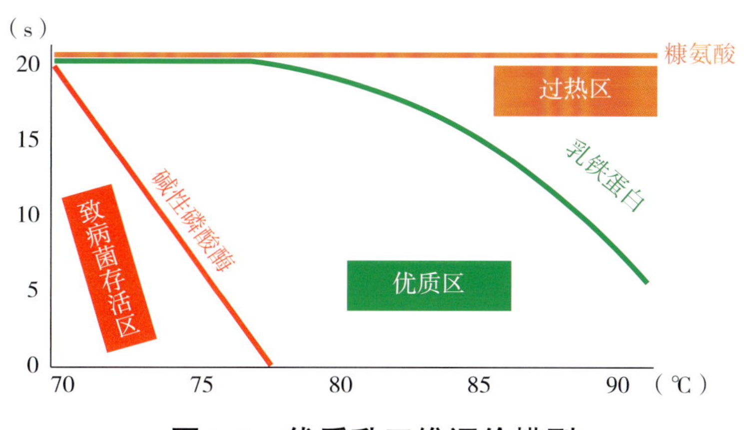

图4-7　优质乳三维评价模型

图4-8　国家奶业科技创新联盟与粤港澳战略合作签约仪式

图4-9　国家奶业科技创新联盟生乳用途分级技术规范发布

图4-10　国家奶业科技创新联盟系列团体标准发布

（三）优质乳工程的科技成果得到认可

联盟积极推进的优质乳工程工作，不但取得了较好的经济和社会效益，还在科技进步领域取得了突破。依托优质乳工程“优质生乳—绿色工艺—品质评价”一体化质量提升技术形成的《优质乳生产的品质提升与绿色低碳工艺关键技术》成果，获得2018年度长城食品安全科学技术特等奖（图4-11）。优质乳标准化技术体系中“优质乳生产的奶牛营养调控与规范化饲养技术”入选农业农村部2019年十大引领性技术。

长城食品安全科学技术奖

证　书

项目名称：优质乳生产的品质提升与绿色低碳工艺关键技术

奖励等级：特等奖

获 奖 者：王加启、张养东、刘慧敏、孟　璐、王惠铭、潘永胜、李慧颖、赵圣国

完成单位：中国农业科学院北京畜牧兽医研究所
光明乳业股份有限公司
福建长富乳品有限公司

长城食品安全科学技术奖励委员会
二零一九年三月

证书编号：GWFSSTA2018-T002　证书查询：www.food-gov.cn
国家科学技术奖励工作办公室-社会科技奖励编号：【0276】

图4-11　长城食品安全科学技术特等奖证书

三、国产优质奶质量远优于进口奶

奶业创新团队在前期成果基础上构建了碱性磷酸酶（致病菌灭活安全指标）—乳铁蛋白（营养品质指标）—糠氨酸（热伤害指标）的优质巴氏杀菌奶产品三维评价模型，实现致病菌灭活安全、功能活性最大程度保留、过热伤害控制的同时评价。并将通过优质乳工程验收的巴氏杀菌产品（以下简称“国产优质巴氏杀菌奶”）与进口巴氏杀菌奶比较。

（一）国产优质巴氏杀菌奶与进口巴氏杀菌奶安全指标比较

碱性磷酸酶是美国和欧盟等国常用的热处理强度评价指标之一，美国A级热加工乳条例（PMO 2015版）中明确规定巴氏杀菌奶中碱性磷酸酶活性必须小于350mU/L，否则视为巴氏杀菌不合格；欧盟实验室工作组也推荐采用350mU/L的标准，同时建议了一个预警值100mU/L，如果乳品厂生产的巴氏杀菌奶碱性磷酸酶活性超过此水平，就要对该加工厂进行安全审查。检测巴氏杀菌奶中碱性磷酸酶活性是保证巴氏杀菌乳微生物的重要手段。

农业农村部奶产品质量安全风险评估实验室（北京）2019年开展国产优质巴氏奶与进口巴氏奶中碱性磷酸酶评价研究，结果表明国产优质奶与进口奶中碱性磷酸酶均为阴性，符合优质乳工程标准《优质巴氏杀菌乳》（T/TDSTIA 004—2019）的要求，表明奶中致病菌灭活程度符合要求。

（二）国产优质巴氏杀菌奶与进口巴氏杀菌奶质量指标比较

1. 国产巴氏杀菌奶与进口巴氏杀菌奶热伤害指标比较

2019年对国产优质巴氏杀菌奶与进口巴氏杀菌奶中糠氨酸含量的评价表明，国产优质巴氏杀菌奶的平均糠氨酸含量为6.6mg/100g蛋白质，最高值11.3mg/100g蛋白质，均符合《优质巴氏杀菌乳》（T/TDSTIA 004—2019）糠氨酸≤12mg/100g蛋白质的要求，而进口巴氏杀菌奶的平均糠氨酸含量为60.3mg/100g蛋白质，最高值223.5mg/100g蛋白质（图4-12）。

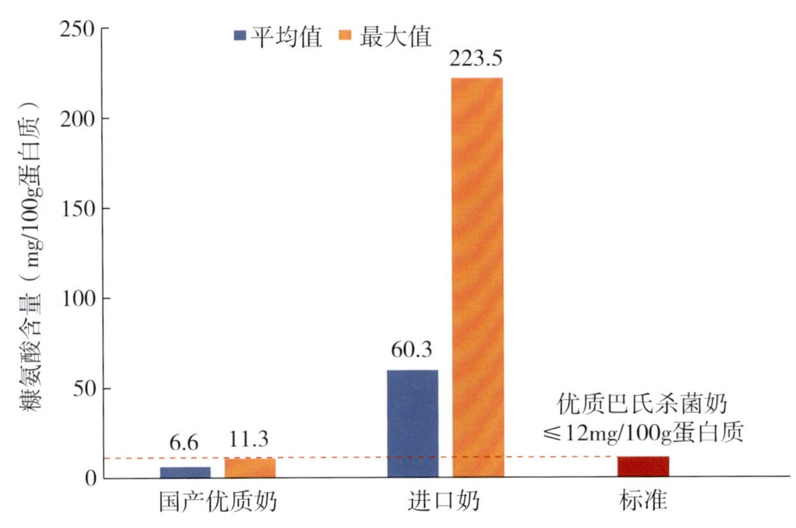

图4-12　巴氏杀菌奶糠氨酸含量比较

2. 国产优质巴氏杀菌奶与进口巴氏杀菌奶营养品质指标比较

（1）乳铁蛋白

2019年对国产优质巴氏杀菌奶与进口巴氏杀菌奶中乳铁蛋白含量的评价发现，国产优质巴氏杀菌奶的平均乳铁蛋白含量为39.1mg/L，最高值98.7mg/L，符合《优质巴氏杀菌乳》（T/TDSTIA 004—2019）乳铁蛋白≥25mg/L的要求；进口巴氏杀菌奶的平均乳铁蛋白含量为4.7mg/L，最高值14.7mg/L（图4-13）。

（2）β-乳球蛋白

2019年对国产优质巴氏杀菌奶与进口巴氏杀菌奶中β-乳球蛋白含量的评价发现，国产优质巴氏杀菌奶的平均β-乳球蛋白含量为3 354mg/L，最高值7 542mg/L，符合《优质巴氏杀菌乳》（T/TDSTIA 004—2019）β-乳球蛋白≥2 200mg/L的要求；而进口巴氏杀菌奶的平均β-乳球蛋白含量为171mg/L，最高值697mg/L（图4-14）。

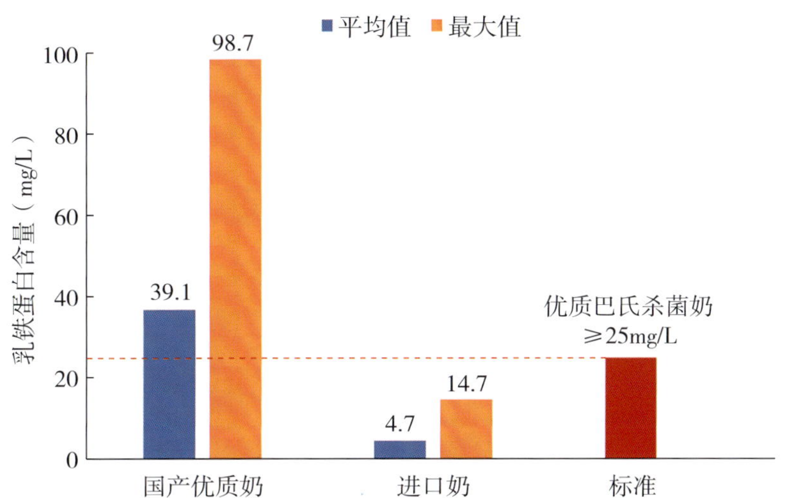

图4-13　巴氏杀菌奶乳铁蛋白含量比较

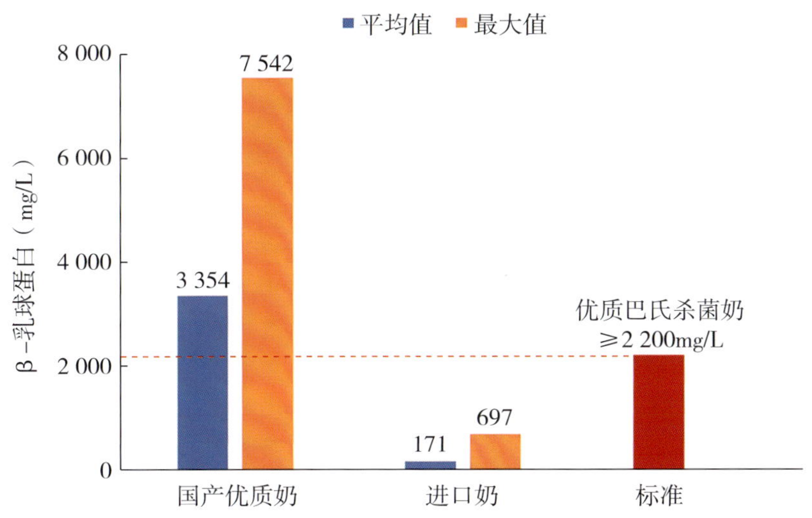

图4-14　巴氏杀菌奶β-乳球蛋白含量比较

（3）乳过氧化物酶

乳过氧化物酶（Lactoperoxidase）是存在于乳汁中的一种血红素蛋白，是一种来自动物的过氧化物酶，在初乳中含量尤其丰富。乳过氧化物酶较为耐热，巴氏杀菌（63℃/30min）后残留活力约75%，72℃/15s加热处理时的残留活力可达70%，而在80℃/15s加热时彻底失活。乳过氧化物酶具有抑菌活性，可以抑制革兰氏阳性菌和阴性菌的生长，延长鲜乳的保质期，具有“冷杀菌”的作用。

2019年对国产优质巴氏奶与进口巴氏奶中乳过氧化物酶含量的评价发现，国产优质巴氏杀菌奶的平均乳过氧化物酶含量为2 544U/L，最高值8 270U/L，而进口巴氏杀菌奶的平均乳过氧化物酶含量为4U/L，最高值10U/L（图4-15）。

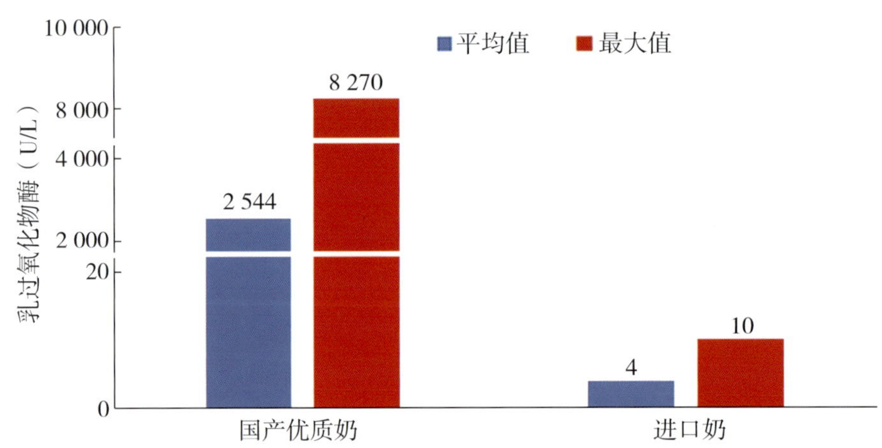

图4-15　巴氏杀菌奶乳过氧化物酶含量比较

（三）小结

基于碱性磷酸酶—乳铁蛋白—糠氨酸的巴氏杀菌乳产品三维评价模型表明，国产优质乳在保证安全的前提下，通过降低对产品的热伤害，最大程度地保留了乳中的活性成分，品质远高于进口奶，为消费者提供了最大限度的健康保障，再一次用科学数据证明了“优质奶产自本土奶”的科学理念。

四、千人品鉴优质乳活动

为了广泛传播“优质奶产自本土奶”的科学理念，提升优质乳产品的影响力，促进民族奶业的发展，国家奶业科技创新联盟组织通过验收的优质乳工程企业，于2019年5月3—5日，由中国农业科学院北京畜牧兽医研究所、美国奶业科学学会、新西兰初级产业部、中国奶业协会、国家奶业科技创新联盟共同主办的第六届“奶牛营养与牛奶质量国际研讨会”期间，以“安全健康、绿色低碳、营养鲜活”为主题举办“千人品鉴优质乳活动”（图4-16），向国内外社会各界人士展示优质乳产品的高品质，展示优质乳企业的高水平。参加本次活动千余人次，外国友人百余人，优质乳产品受到国内外人士的高度认可（图4-17、图4-18）。

图4-16　千人品鉴优质乳活动现场

图4-17　外国专家品鉴优质乳

图4-18　外国友人品鉴优质乳

经过全场千余人的品鉴与票选统计，本次千人品鉴优质乳活动共选出青年最喜爱金奖、中年最喜爱金奖、男士最喜爱金奖、女士最喜爱金奖、外国友人最喜爱金奖和消费者最喜爱金奖（图4-19）。

图4-19　千人品鉴优质乳活动颁奖典礼

1. 长富巴氏100%鲜牛奶

长富巴氏100%鲜牛奶是福建长富乳品有限公司的优质乳产品，于2017年2月通过优质乳工程验收，是全国首家巴氏鲜奶全系列产品通过中国优质乳工程验收的企业；2018年8月通过优质乳工程复评审，也是首家通过复评审的企业，2019年8月产品抽检合格。长富巴氏100%鲜牛奶产品在“千人品鉴优质乳”活动中获得“外国友人最喜爱金奖”称号。美国哈佛医学院麻省总医院Fasano教授认为长富巴氏100%鲜牛奶是优质的产品，并希望长富牛奶会发展得更好。

2019年监测数据显示，长富巴氏100%鲜牛奶产品中乳铁蛋白、活性α-乳白蛋白等活性物质得到了稳定提升，产品标识显示活性免疫球蛋白含量≥100mg/L，活性乳铁蛋白含量≥35mg/L，活性α-乳白蛋白含量≥800mg/L（图4-20）。

图4-20　长富巴氏100%鲜牛奶

2. 新希望24小时鲜牛乳

新希望24小时鲜牛乳是新希望乳业股份有限公司的优质乳产品，其昆明雪兰公司于2016年9月通过优质乳工程验收，是首家通过优质乳工程验收的企业，2018年11月通过复评审。截至2018年12月，新希望共有9家分公司通过优质乳工程验收。新希望24小时鲜牛乳产品于2018年和2019年参加抽检，产品均合格。2019年5月的“千人品鉴优质乳”活动中该产品获得“青年最喜爱金奖”称号。澳大利亚联邦科工组织McSweeney首席研究员表示非常开心可以品尝到这么新鲜的牛奶，并且表示新希望24小时鲜牛乳的品质和味道都很好。

2019年监测数据显示，新希望24小时鲜牛奶产品中乳铁蛋白、免疫球蛋白等活性物质得到了稳定提升，相对于85℃巴氏杀菌乳产品而言，产品标识显示免疫球蛋白增至10倍，乳铁蛋白增至5倍，乳过氧化物酶含量≥2 000U/L（图4–21）。

新希望乳业股份有限公司：

新希望24小时鲜牛奶产品在2019年千人品鉴优质乳公益品评活动中荣获

青年最喜爱金奖

国家奶业科技创新联盟
第六届“奶牛营养与牛奶质量”国际研讨会组委会
2019年5月

图4–21　新希望24小时鲜牛乳

3. 天友鲜活时速鲜牛奶

天友鲜活时速鲜牛奶是重庆市天友乳业股份有限公司的优质乳产品，于2017年4月通过优质乳工程验收。天友鲜活时速鲜牛奶产品在2019年参加抽检，产品合格，同年底通过复评审。2019年5月的“千人品鉴优质乳”活动中该产品获得“消费者最喜爱金奖”称号。美国伊利诺伊大学Loor教授说自己第一次尝到如此新鲜的牛奶，非常棒！

2019年监测数据显示，天友鲜活时速鲜牛奶产品中乳铁蛋白、乳过氧化物酶等活性物质得到了稳定提升，产品标识显示免疫球蛋白含量≥110mg/L，乳铁蛋白含量≥35mg/L，乳过氧化物酶含量≥2 100U/L（图4–22）。

图4–22　天友鲜活时速鲜牛奶

4. 华山牧鲜活鲜牛奶

华山牧鲜活鲜牛奶是中垦华山牧乳业有限公司的优质乳产品，于2017年10月通过优质乳工程验收，是西北地区第一家通过中国优质乳工程的企业。华山牧鲜活鲜牛奶产品于2018年参加抽检，产品合格，2019年通过复评审。2019年5月的“千人品鉴优质乳”活动中该产品获得“男士最喜爱金奖”称号。爱尔兰都柏林大学Wall教授认为华山牧鲜活鲜牛奶是一款高质量的牛奶，并表达了对华山牧鲜活鲜牛奶的喜爱。

2019年监测数据显示，华山牧鲜活鲜牛奶产品中乳铁蛋白、β-乳球蛋白等活性物质含量得到了稳定提升（图4-23）。

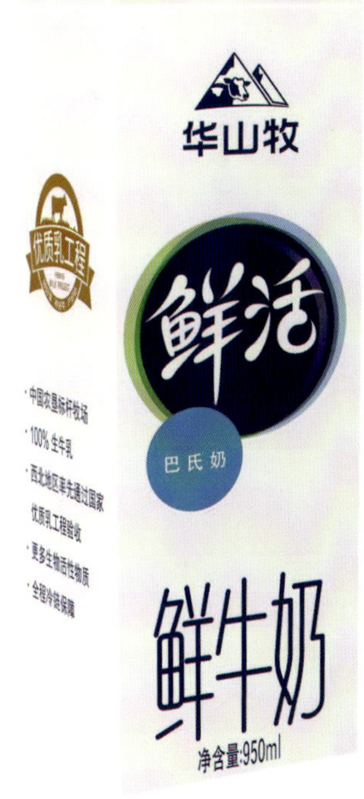

图4-23　华山牧鲜活鲜牛奶

5. 燕塘鲜牛奶

燕塘鲜牛奶是广东燕塘乳业股份有限公司的优质乳产品，于2018年4月通过优质乳工程验收。燕塘鲜牛奶于2018年和2019年参加抽检，产品均合格。2019年5月的“千人品鉴优质乳”活动中该产品获得“中年最喜爱金奖”称号。荷兰乌得勒支大学Fink-Gremmels教授评价该牛奶的质量、口味和酸度等与其他牛奶不一样，相比于其他牛奶，她更喜欢燕塘鲜牛奶。

2019年监测数据显示，燕塘鲜牛奶产品中乳铁蛋白、β-乳球蛋白等活性物质得到了稳定提升，产品标识显示乳铁蛋白含量≥25mg/L，β-乳球蛋白含量≥3 400mg/L，乳过氧化物酶含量≥2 000U/L，糠氨酸含量≤8mg/100g蛋白质（图4-24）。

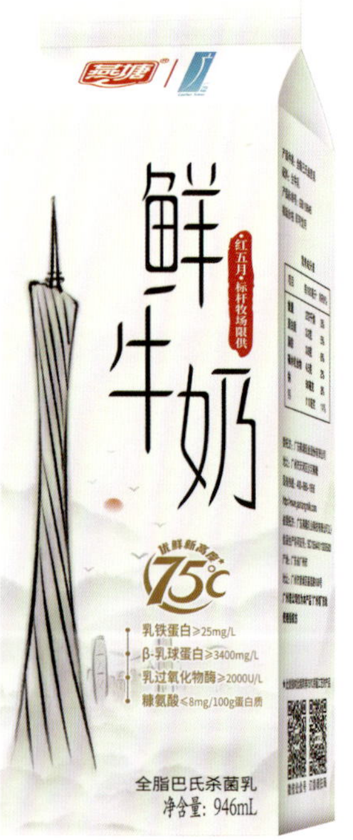

图4-24　燕塘鲜牛奶

6. 卫岗至淳鲜牛奶

卫岗至淳鲜牛奶是南京卫岗乳业有限公司的优质乳产品，于2018年11月通过优质乳工程验收。卫岗至淳鲜牛奶产品2019年抽检合格。2019年5月的“千人品鉴优质乳”活动中该产品获得“女士最喜爱金奖”称号。新西兰乳业协会Schumacher主任喜欢卫岗至淳鲜牛奶的口感，很想把该牛奶带回家。

2019年监测数据显示，至淳鲜牛奶产品中乳铁蛋白、β-乳球蛋白等活性物质得到了稳定提升（图4-25）。

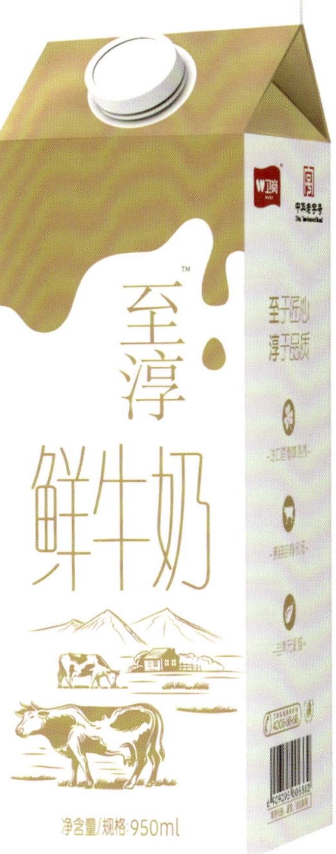

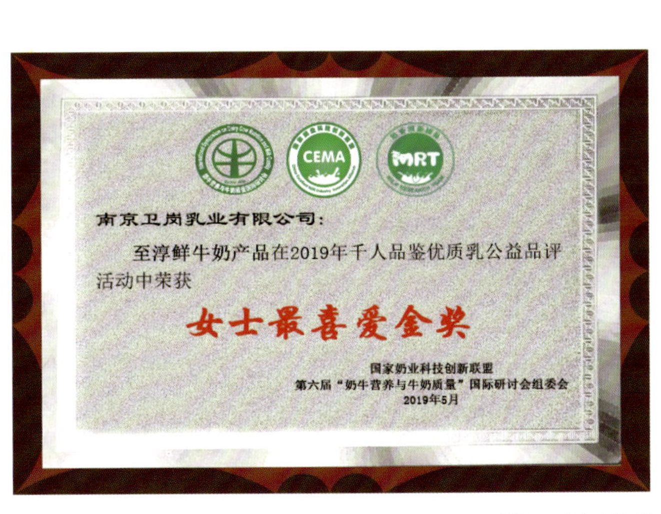

南京卫岗乳业有限公司：

至淳鲜牛奶产品在2019年千人品鉴优质乳公益品评活动中荣获

女士最喜爱金奖

国家奶业科技创新联盟
第六届“奶牛营养与牛奶质量”国际研讨会组委会
2019年5月

图4-25　卫岗至淳鲜牛奶

第五章　专论

优质乳工程初见成效，国产优质奶赢得信心

2008年三聚氰胺事件以后，进口液态奶借消费者迷茫之机，运用媒体炒作等手段，乘虚而入，大举进军我国市场。面对进口冲击的严峻局面，农业农村部以振兴国产奶业为使命，出台了一系列奶业振兴政策措施，大力推进产学研一体化，支持中国农科院研发出优质乳技术体系，组建了产学研一体化的国家奶业科技创新联盟（以下简称“奶业联盟”），扎实推进实施“优质乳工程”，取得初步成效。

一、坚持问题导向，科学回答消费关切

2007年我国进口液态奶仅0.5万吨，2016年猛增到65.5万吨，10年间年均进口增速高达72.0%，是造成国内生鲜乳收

购出现压价、限收，甚至倒奶现象的重要原因之一，奶牛养殖业承受了巨大冲击。

进口液态奶直接抢占国内消费市场，品牌众多（图5-1），对消费者的影响很大。国产奶企业面对进口冲击被动挨打，缺乏核心竞争力，难以扭转困局。

消费者最关切的问题是：国产奶与进口奶，到底哪种牛奶好？

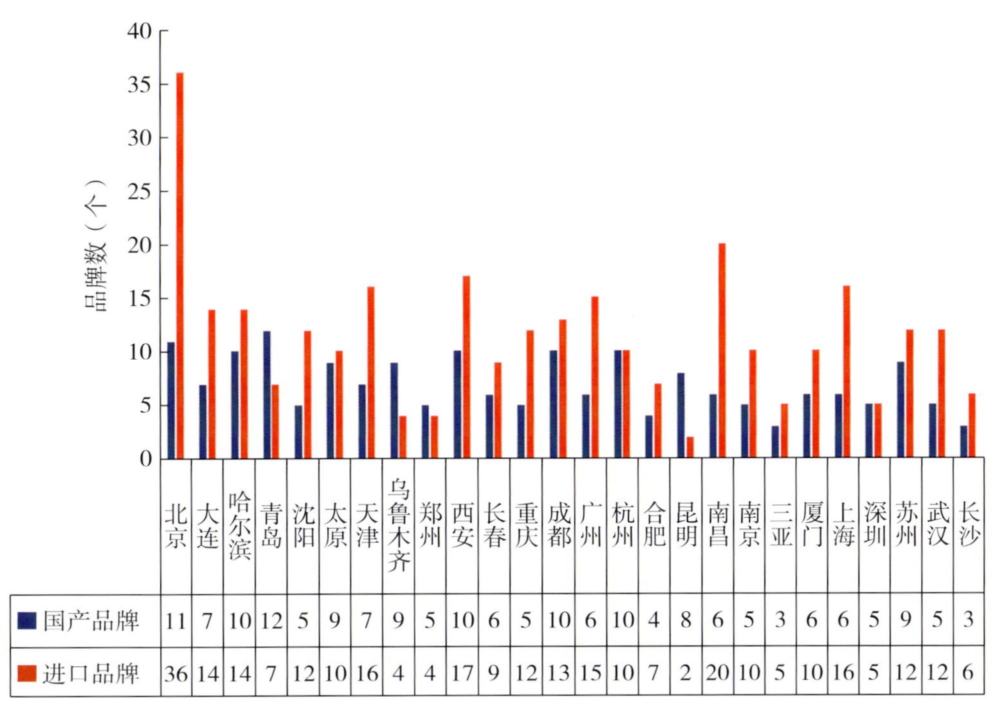

	北京	大连	哈尔滨	青岛	沈阳	太原	天津	乌鲁木齐	郑州	西安	长春	重庆	成都	广州	杭州	合肥	昆明	南昌	南京	三亚	厦门	上海	深圳	苏州	武汉	长沙
国产品牌	11	7	10	12	5	9	7	9	5	10	6	5	10	6	10	4	8	6	5	3	6	6	5	9	5	3
进口品牌	36	14	14	7	12	10	16	4	4	17	9	12	13	15	10	7	2	20	10	5	10	16	5	12	12	6

图5-1　全国26个城市国产牛奶品牌数量与进口牛奶品牌数量

数据来源：农业农村部奶产品质量安全风险评估实验室（北京）

在中国农业科学院科技创新工程和农业农村部农产品监管司国家奶产品风险评估专项支持下，中国农业科学院牧医所奶产品质量与风险评估创新团队（以下简称“奶业创新团队”）对进口与国产液态奶进行系统评估，结果表明，国产奶与进口奶安全指标都符合国家标准，但是在乳铁蛋白、α-乳白蛋白、β-乳球蛋白等重要活性营养因子方面，国产优质液态奶的品质全面优于进口液态奶。进一步分析发现，进口奶普遍存在运输距离远、保质期长或过度加热等问题，导致品质大幅度下降。因此，奶业创新团队首次明确提出“优质奶产自本土奶”的科学理念，既科学回答了消费关切，也已经成为国产奶应对进口冲击、立于不败之地的根本所在。

二、技术创新提升品质，引领奶业优质绿色发展

奶业创新团队在数十年科研积累的基础上，针对奶业利益联结机制不健全、奶产品核心竞争力偏低等重大产业难题，集成创新了生鲜乳用途分级技术、绿色低碳加工工艺、奶类品质评价技术和优质乳标识技术4项核心技术，初步构建了优质乳工程的科学理念和技术体系，把养殖和加工企业

牢牢联结在一起，始终引领产业发展方向。

2018年，已经有23个省的45家企业自愿实施优质乳工程，成效显著。生鲜乳用途分级技术在光明乳业应用后，加工企业主动寻找优质奶源，在全国奶价普遍偏低的情况下，每千克优质生鲜乳收购价上涨0.15元，每头成母牛每年增收686元，正向引导奶业利益分配，破解了长期以来奶农与乳品企业之间利益分配不平衡的难题，切实保护了奶农利益。

绿色低碳加工工艺引领加工企业去掉传统加工工艺中的预巴杀和闪蒸工序，加工温度由原来的95℃下降到75℃，示范企业每加工1吨巴氏杀菌奶节约48.55元，加工成本降低15%以上。

奶类品质评价技术指导示范企业充分挖掘本土奶源的鲜活优势，生产的优质巴氏杀菌奶中乳铁蛋白和β-乳球蛋白含量分别是进口巴氏杀菌奶的8倍和10倍。示范企业开发出安全健康、绿色低碳、营养鲜活的优质奶产品，核心竞争力显著提升，面对进口冲击时充满信心，从容应对。

2018年27家企业通过优质乳工程验收，向市场供应优质巴氏杀菌奶31.7万吨，深受消费者喜爱，优质乳技术已经助力企业显著提升核心竞争力，形成了较大市场影响力。

三、进口液态奶下降，国产优质奶赢得信心

奶业创新团队认真学习落实国务院办公厅《关于推进奶业振兴保障乳品质量安全的意见》和农业农村部等九部委《关于进一步促进奶业振兴的若干意见》，始终把加强优质奶源基地建设、做强做优乳制品加工业和培育优质品牌引导消费作为科技创新的重点任务，充分依托奶业联盟的机制创新优势，与国家、地方和全行业的奶业振兴政策形成合力，在提升对进口液态奶的竞争力方面取得初步成效。

据海关数据，从2007年至2016年，我国进口液态奶年均增长率72.0%，2017年进口70.2万吨，增速下降到7.2%，2018年进口70.0万吨，增速为-0.3%，12年来液态奶进口量首次出现下降（图5-2）。与此同时，2018年我国奶类生产恢复增长，奶类总产量同比增长1.2%，液态奶产量同比增长4.3%。

国产液态奶增长与进口液态奶下降，传递三个明确信息，一是我国奶业依靠全产业链品质升级，正在不断提升产业竞争力，开启优质发展模式；二是国产液态奶企业以供给

侧结构性改革为突破口，不断开发出安全健康、绿色低碳、营养鲜活的优质奶产品，显著增强了市场竞争力，面对进口冲击时充满信心，从容应对；三是消费引导初见成效，“优质奶产自本土奶”的科学理念得到认可，消费者不再盲目迷信进口奶，逐渐回归理性消费。

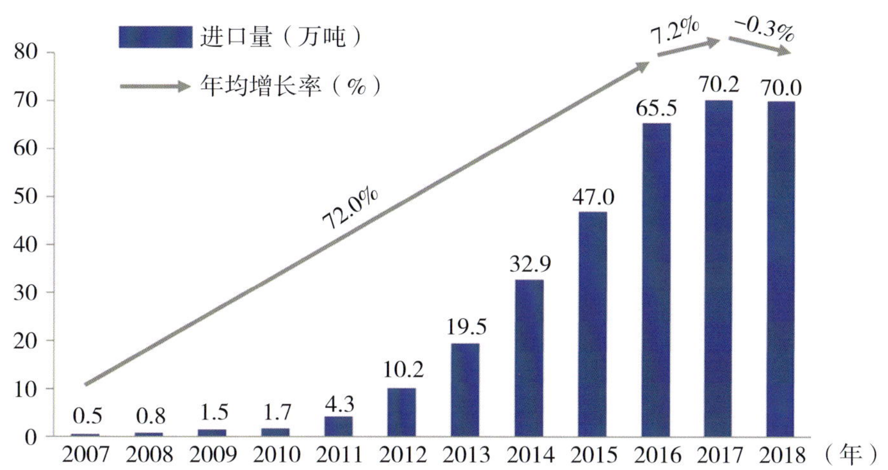

图5-2　2007—2018年液态奶进口量和增长率变化

注：依据中国海关数据计算

在振兴国产奶业过程中，农业农村部充分发挥了政策引领、技术引领和品质引领的重大作用，把原来单一的、零散的科技成果汇聚集成放大，由量变到质变，为推动奶业供给侧结构性改革闯出一条优质绿色发展之路。

2019年中央1号文件明确提出“大力发展紧缺和绿色优质农产品生产，推进农业由增产导向转向提质导向。深入推进优质粮食工程”。财政部投入50亿元推动优质粮食工程实施，值得借鉴。2020年即将全面建成小康社会，实现中华民族伟大复兴第一个百年奋斗目标，振兴奶业的任务十分艰巨。小康社会对优质奶业的需求更加迫切，消费者对优质奶产品的需求更加迫切，供给侧结构性改革对优质乳工程的需求也更加迫切。优质乳工程不是一个项目或一场运动，也不是哪一个企业的活动，而是整个奶业服务健康中国、强壮民族的光荣使命，是需要制度化和长期坚持的事业，是惠及每个家庭，造福子孙后代，利国、利民、利企的伟大事业。

牛奶优质化试验牧场国产苜蓿青贮替代进口苜蓿干草

苜蓿是世界公认的“牧草之王”，对奶业发展、乳品质量提升具有重要意义。随着我国奶牛规模化养殖迅速发展，美国抓住商机向中国市场推销苜蓿干草。近10年，美国苜蓿干草占我国苜蓿干草总进口量的94%。随着中美贸易摩擦升级，过度依赖进口美国苜蓿已成为影响奶业振兴的重要不利因素。为提升苜蓿自给水平、稳定国内奶业发展，中国农业科学院牛奶优质化项目在赤峰澳亚绍根牧场开展试验，探索用国产苜蓿青贮100%替代进口苜蓿干草，取得初步成效。

一、过度依赖进口苜蓿干草影响奶业振兴

2008—2017年，我国苜蓿干草进口量逐年增长，2017年达到140万吨，进口苜蓿干草占据了我国奶业苜蓿干草市场的60%~70%，其中美国131万吨，占总进口量的94%。2018

年中美贸易摩擦之后，受加征关税影响，奶牛养殖苜蓿饲料成本明显增加，对我国奶业生产和居民乳制品消费都产生较大影响，已经开始成为制约奶业振兴的关键问题之一。

1. 大量进口苜蓿干草增加奶牛养殖成本，降低了奶业竞争力

在我国奶牛养殖成本中，苜蓿成本约占饲料成本的13%。据调研，目前进口美国一级苜蓿干草到赤峰澳亚绍根养殖场的成本约4 000元/吨。按照规模化养殖场每头泌乳牛每天4kg苜蓿干草需求量、每日产奶量30kg测算，饲喂进口苜蓿干草每千克生鲜乳成本增加0.2元。受苜蓿干草进口成本增加影响，国内外生鲜乳价差进一步拉大，国内每千克生鲜乳成本已增至3.6元，分别比新西兰、美国高1.3元、1元，本土奶业竞争力进一步受到挤压。今年上半年我国各类乳制品进口量均明显增加，其中大包粉、婴幼儿配方奶粉、液态奶进口量同比增长28.9%、14.7%、34.1%。

2. 奶牛规模化养殖过度依赖进口苜蓿干草，导致养殖基础不稳

2018年，我国奶牛规模养殖比例达到61.4%，规模化牧场已成为我国生鲜乳供给主力。据不完全统计，我国规模化奶牛养殖场苜蓿干草几乎100%依赖进口。2008—2017年，我国奶牛规模养殖比例与苜蓿进口数量基本呈正比，我国苜蓿干草进口数量由1.76万吨增至139.78万吨，奶牛规模养殖比例也由19.5%提高为58.3%，两者基本保持同步快速上升态势。中美贸易摩擦导致苜蓿干草进口货源不稳定、成本上升、汇率增加等贸易风险，很容易造成奶牛养殖业波动，对国内奶业发展产生不利影响。

3. 进口苜蓿干草导致养殖成本增加，不利于促进奶制品消费

2018年，我国人均奶类消费33.6kg，低于世界平均水平70%，也远低于《中国居民膳食指南》推荐的营养标准，其中一个很重要的因素是终端乳制品市场价格相对较高，城乡居民乳品消费对价格很敏感，价格提高必然会对乳制品消费产生负面作用。主要受苜蓿成本增加等因素影响，目前我国主产省生鲜乳收购价增至3.60元/kg，同比增长7.4%；UHT奶零售价格12.1元/kg，同比增长4.8%。已有研究表明，我国城镇居民乳制品消费价格弹性为−0.75，即价格每上涨1个百分点，乳制品消费下降0.75%。理论上讲，农村居民乳制品消费的价格弹性更高。据此推算，在不考虑其他因素的情况下，因价格提高将导致乳制品消费下降3.6%。

二、国产苜蓿青贮替代进口苜蓿干草是有益探索

为深入贯彻落实2018年国务院办公厅印发的《关于推进奶业振兴保障乳品质量安全的意见》，主动化解中美贸易摩擦引起的奶业波动，消减过度依赖进口苜蓿干草对奶业振兴的不利影响，2018年年底，中国农业科学院启动了牛奶优质化项目，以赤峰澳亚绍根牧场为试验基地，开展国产苜蓿青贮替代进口苜蓿干草探索，取得初步成效。

1. 用国产苜蓿青贮替代进口苜蓿是思路变革

长期以来，国内规模化奶牛养殖业形成一种定向思维，认为离开苜蓿干草就不能发展高质量奶牛养殖业，但是由于机械化水平不高、种植规模偏小、气候条件差异大等种种原因，国产苜蓿干草品质偏低，造成只能依靠大量进口苜蓿干草的局面。中美贸易摩擦以来，进口苜蓿成本增加抬高了国内奶牛养殖成本，一些奶牛养殖企业呼吁取消新增关税，希望继续大量进口美国苜蓿，这种做法没有充分考虑过度依赖美国进口的风险。赤峰澳亚绍根牧场所有初产泌乳牛已实现100%国产苜蓿青贮替代进口苜蓿干草，奶牛的产奶量、健

康状况、牛奶品质等主要指标与饲喂进口苜蓿干草没有显著差异。可以预判，随着饲养观念转变和苜蓿青贮技术推广应用，国产苜蓿青贮将逐步替代进口苜蓿干草。

2. 用国产苜蓿青贮替代进口苜蓿干草是重大技术突破

奶业创新团队从2002年起，在农业农村部和科技部的支持下，系统开展了苜蓿青贮技术研究，取得三大技术突破：一是筛选确定了苜蓿青贮原料的适宜含水量为50%～60%（干物质含量40%～50%），含水量过高或过低都会降低苜蓿青贮饲料的品质；二是针对苜蓿青贮原料中可溶性糖含量低的难题，筛选确定在制作苜蓿青贮的过程中同时添加乳酸菌和糖蜜，可使苜蓿青贮的干物质有效降解率提高至65.9%，显著高于单独添加乳酸菌（63.6%）和对照组（63.1%）的苜蓿青贮，提高了饲喂价值；三是成功开发大型裹包苜蓿青贮技术，实现大批量苜蓿青贮饲料从内蒙古赤峰运输至山东东营（760km），而且价格低于进口苜蓿干草，极大地提高了苜蓿青贮饲料的商品价值。

3. 用国产苜蓿青贮替代进口苜蓿是提质增效的重要途径

赤峰澳亚绍根牧场奶牛存栏12 970头，泌乳牛5 550头，每天牛奶产量234.2吨。国产苜蓿青贮替代进口苜蓿干草后，泌乳牛日产奶量42.2kg，牛奶乳脂肪率为3.9%、乳蛋白率为3.3%，与100%使用进口苜蓿干草相比，产奶量和奶品质保持平稳，同时每千克生鲜乳可节约苜蓿成本0.2元，全场每年节约成本1 428.6万元。

三、加快国产苜蓿青贮替代进口苜蓿干草的建议

借鉴中国农科院牛奶优质化项目在赤峰澳亚绍根牧场的做法与经验，有希望在未来5年之内，实现国产苜蓿青贮基本替代进口苜蓿干草。立足当前苜蓿生产与加工利用等方面存在的突出问题，建议如下。

1. 完善苜蓿生产与加工利用的政策支持

随着奶牛等草食动物养殖的发展，对优质苜蓿的需求将持续增加，需要进一步完善苜蓿种植、加工和运输等方面政策支持。一方面出台政策在全国范围内补贴苜蓿种植，进一步扩大苜蓿种植面积，全面提高国产苜蓿竞争优势；另一方面要大幅度扶持苜蓿青贮饲料生产和加工设施设备和机械，提升青贮苜蓿种植、收获和加工环节的机械化生产水平，从

硬件条件上保障青贮饲料的制作质量和规模，提高生产效率，以期形成规模效应，尽快消除中美贸易战对奶牛养殖业的不利影响。

2. 加强奶牛苜蓿青贮饲料技术与标准研究

一是进一步加强苜蓿品种选育研究，培育适合不同气候条件的苜蓿良种；二是以提高奶牛单产和牛奶品质为目标，加快研发不同区域和不同气候条件下奶牛青贮苜蓿制作、贮藏、包装、饲喂等全程技术规程；三是依据对牧场饲料原料和牛奶质量的长期跟踪评价结果，制定中国特色的苜蓿青贮饲料评价体系。

3. 开展奶牛养殖苜蓿青贮替代进口苜蓿干草技术示范推广

一是加强苜蓿青贮替代进口苜蓿干草的科学试验与模式探索，把苜蓿青贮技术列入农业农村部主推技术，加强苜蓿青贮生产制作与利用的技术培训，加快普及苜蓿青贮先进适用技术。二是以东北和内蒙古地区、华北、西北地区为重点，遴选100家规模化奶牛场，对苜蓿青贮替代进口苜蓿技术进行示范推广，国家和地方“粮改饲”等相关政策向示范场倾斜。力争未来5年之内，实现青贮苜蓿基本替代进口苜蓿干草。

优质乳工程技术体系核心指标研究

自2013年以来，在国家农业科技创新工程和国家奶产品质量安全风险评估专项的支持下，中国农业科学院牧医所奶业创新团队围绕“奶业安全控制与质量提升关键技术”，联合全国多家奶业产学研单位协同创新，先后完成了生乳用途分级、乳品绿色低碳加工工艺、牛奶品质评价等重要技术研究，提出了奶业优质绿色发展的核心指标，构建了优质乳工程技术体系。

一、优质生乳核心指标

优质生乳（premium raw milk）的质量安全指标首先应该全部符合食品安全国家标准——生乳（GB 19301—2010）的规定。在此基础上，优质生乳包括特优级（A^{+}）生乳和优级（A）生乳，核心指标包括脂肪、蛋白质、菌落总数和体细胞数，其限量值应该符合表5-1的规定。

用于脂肪、蛋白质、菌落总数和体细胞数测定的优质生乳样品，应在牧场贮奶罐或生乳运输车中采集，主要反映牧场环境、卫生、饲料、饲养、管理、奶牛健康、挤奶和生乳冷藏储运的质量安全水平。

表5-1　优质生乳脂肪、蛋白质、菌落总数和体细胞数指标

项目		等级		检验方法
		特优级（A^+）	优级（A）	
脂肪（g/100g）	≥	3.40	3.30	GB 5009.6
蛋白质（g/100g）	≥	3.10	3.00	GB 5009.5
菌落总数[CFU/g（mL）]	≤	5×10^4	1×10^5	GB 4789.2
体细胞数（sc/mL）	≤	3×10^5	4×10^5	NY/T 800

贮存和运输：优质生乳挤出后，应在2h内降温至0～4℃；贮存优质生乳的贮奶罐每次使用后应进行清洗和消毒；在贮奶罐中，冷奶与热奶混合时温度不应超过10℃，混合后1h内降温至0～4℃。优质生乳运输车每次运输结束，应

进行一次清洗和消毒，运输过程中优质生乳温度应控制在0～6℃。优质生乳挤出后，应在36h内运抵乳品加工企业并加工完毕。

用途：特优级（A^+）生乳适用于加工优质巴氏杀菌乳、优质UHT灭菌乳和其他优质乳制品，优级（A）生乳适用于加工优质UHT灭菌乳和除优质巴氏杀菌乳之外的其他优质乳制品。

二、优质巴氏杀菌乳核心指标

优质巴氏杀菌乳（premium pasteurized milk）是指仅以特优级优质生乳为原料，经过滤、均质、高温短时间连续法（HTST或HHST）优质巴氏杀菌、洁净灌装等工序制得的液体产品。优质巴氏杀菌乳包括优质全脂、优质脱脂和优质部分脱脂巴氏杀菌乳。

优质巴氏杀菌乳的质量安全指标首先应该全部符合食品安全国家标准——巴氏杀菌乳（GB 19645—2010）的规定。

1. 投料时原料要求

投料时原料指标的测定样品，应在加工投料时从投料罐中采集。原料质量安全指标首先应该全部符合食品安全国家标准——生乳（GB 19301—2010）的规定，核心指标同时达到表5-2的规定。

表5-2　优质巴氏杀菌乳加工投料时原料指标要求

项目		特优级（A^+）生乳	检验方法
脂肪（g/100g）	≥	3.40	GB 5009.6
蛋白质（g/100g）	≥	3.10	GB 5009.5
菌落总数[CFU/g（mL）]	≤	5×10^4	GB 4789.2
体细胞数（sc/mL）	≤	3×10^5	NY/T 800
用途		优质乳工程 优质巴氏杀菌乳	/

2. 优质巴氏杀菌加工工艺要求

加工工序应符合图5-3要求。

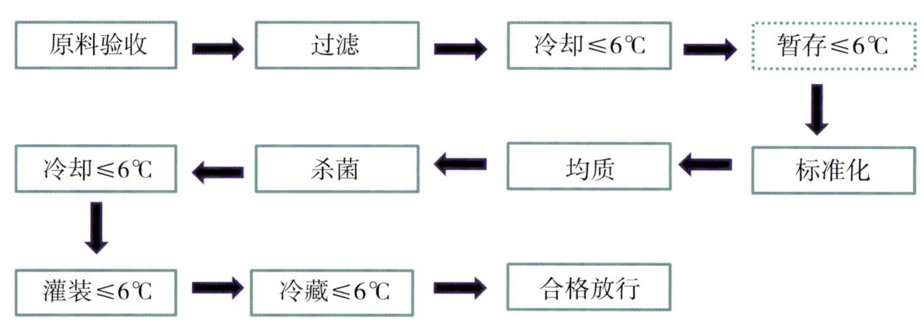

图5-3　优质巴氏杀菌乳加工工艺流程

新设备、新工艺或设备大修改造时，应制作时间温度对应的工艺曲线图，横坐标为时间（单位为s），纵坐标为温度（单位为℃）；应从投料加工时开始绘制，每一次升温和降温的热交换，都应标注热交换后达到的温度和所需的时间（图5-4）。

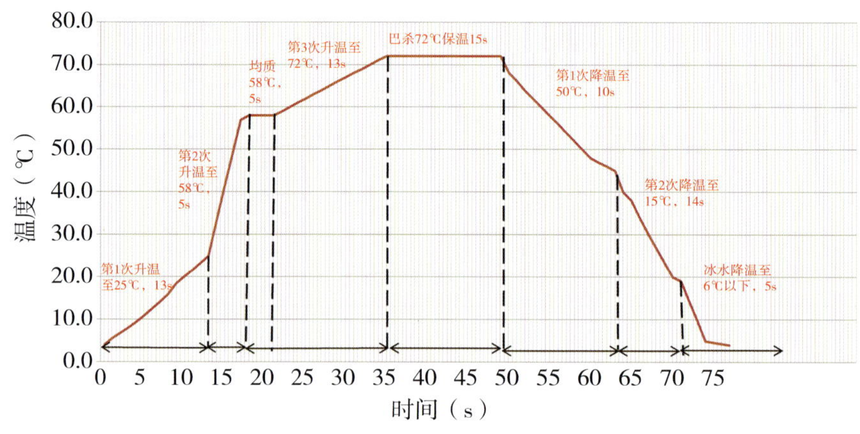

图5-4　时间温度对应的工艺曲线

3. 杀菌温度和杀菌时间的组合

使用特定设计的设备，对奶的每个粒子进行加热，按照

表5-3所示温度和时间组合的要求，杀菌温度不低于对应的温度、杀菌时间不短于对应的时间。如果原料奶的脂肪含量不低于10%，或固体总量不低于18%，应在指定的温度上增加3℃。

如果声称某种工艺是与本规定具有相同效果的新技术，需作为新工艺申报，经系统评价研究并获得批准；此外，不存在与本规定相同的“优质巴氏杀菌”释义。

4. 设备稳定性

设备安装时需进行杀菌温度、保持温度和保持时间的测试，安装后至少每3个月测定校准一次。杀菌温度和保持温度波动的绝对偏差为±0.25℃，保持时间波动的相对偏差为+0.3%。

表5-3　优质巴氏杀菌工艺

温度	时间
72～80℃	15s
89℃	1.0s
90℃	0.5s

（续表）

温度	时间
94℃	0.1s
96℃	0.05s
100℃	0.01s

如果原料奶的脂肪含量不低于10%，或固体总量不低于18%，应在指定的温度上增加3℃

如果声称某种工艺是与本规定具有相同效果的新技术，需作为新工艺经系统评价研究并获得批准；此外，不存在与本规定相同的“优质巴氏杀菌”释义

5. 热敏感和生物活性物质指标要求

应符合表5-4的规定。

表5-4　优质巴氏杀菌乳热敏感和生物活性物质指标要求

项目	指标	检验方法
碱性磷酸酶（mU/L）[a]	阴性（≤350）	T/TDSTIA 008
糠氨酸（mg/100g蛋白质）[b] ≤	10 ~ 12	NY/T 939

（续表）

项目		指标	检验方法
乳铁蛋白（mg/L）[b]	≥	25	T/TDSTIA 006
β-乳球蛋白（mg/L）[b]	≥	2 200	T/TDSTIA 007

[a]碱性磷酸酶应批批检测，在灌装前的待装罐中采样并及时测定，合格后灌装；[b]指标应至少每10天检测一次，在产品保质期内采样并测定

三、优质超高温瞬时灭菌乳核心指标

优质超高温瞬时灭菌乳（premium UHT sterilized milk）是指仅以特优级优质生乳或优级优质生乳为原料，经过滤、均质、优质超高温瞬时灭菌、无菌灌装等工序制得的液体产品。优质超高温瞬时灭菌乳包括优质全脂、优质脱脂和优质部分脱脂高温瞬时灭菌乳。

优质超高温瞬时灭菌乳的质量安全指标首先应该全部符合食品安全国家标准——灭菌乳（GB 25190—2010）的规定。

1. 投料时原料要求

投料时原料指标的测定样品，应在加工投料时从投料罐中采集。原料质量安全指标首先应该全部符合食品安全国家标准——生乳（GB 19301—2010）的规定，同时达到表5-5的规定。

表5-5　优质超高温瞬时灭菌乳加工投料时原料指标要求

项目		等级		检验方法
		特优级（A^+）	优级（A）	
脂肪（g/100g）	≥	3.40	3.30	GB 5009.6
蛋白质（g/100g）	≥	3.10	3.00	GB 5009.5
菌落总数[CFU/g（mL）]	≤	5×10^4	1×10^5	GB 4789.2
体细胞（sc/mL）	≤	3×10^5	4×10^5	NY/T 800
用途		优质乳工程 优质UHT 灭菌乳	优质乳工程 优质UHT 灭菌乳	/

2. 加工工艺要求

灭菌温度和灭菌时间的组合应控制在135℃，4s以上。如果声称某种工艺是与本规定具有相同效果的新技术，需作为新工艺申报，经系统评价研究并获得批准；此外，不存在与本规定相同的“优质超高温瞬时灭菌”释义。工艺流程应符合图5-5要求。

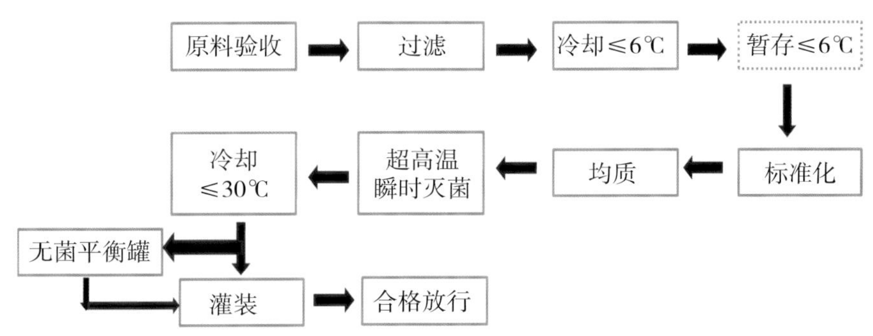

图5-5 优质超高温瞬时灭菌乳加工工艺流程

3. 时间温度对应的工艺曲线图

新设备、新工艺或设备大修改造时，应制作时间-温度对应的工艺曲线图，横坐标为时间（单位为s），纵坐标为温度（单位为℃）；工艺曲线图应从投料加工时开始绘制，每一次升温和降温的热交换，都应标注热交换后达到的温度和所需的时间。

4. 设备稳定性

设备安装时需进行灭菌温度、保持温度和保持时间的测试，安装后至少每3个月测定一次。灭菌温度和保持温度波动的绝对偏差为 ± 0.15℃，保持时间波动的相对偏差为+0.3%。无菌灌装系统应配置无菌平衡罐。

5. 热敏感和生物活性物质指标要求

应符合表5-6的规定。

表5-6　优质超高温瞬时灭菌乳热敏感和生物活性物质指标要求

指标		限量值	检测方法
糠氨酸（mg/100g蛋白质）	≤	190	NY/T 939
乳果糖（mg/L）	<	600	NY/T 939
β-乳球蛋白（mg/L）	≥	300	T/TDSTIA 007
指标应至少每10天检测一次，在加工厂内采样测定			

6. 贮存要求

产品温度从加工下线到销售终端，应全程控制在0～30℃。优质超高温瞬时灭菌乳的保质期不应超过6个月。

四、优质乳工程技术体系示范应用

目前，已经有23个省的45家企业自愿实施优质乳工程技术体系。生鲜乳用途分级技术在光明乳业应用后，加工企业主动寻找优质奶源，在全国奶价普遍偏低的情况下，每千克优质生鲜乳收购价上涨0.15元，每头成母牛每年增收686元，正向引导奶业利益分配，破解了长期以来奶农与乳品企业之间利益分配不平衡的难题，切实保护了奶农利益。

绿色低碳加工工艺引领加工企业去掉传统加工工艺中的预巴杀和闪蒸工序，加工温度由原来的95℃下降到75℃，示范企业每加工1吨巴氏杀菌奶节约48.55元，加工成本降低15%以上。

奶类品质评价技术指导示范企业充分挖掘本土奶源的鲜活优势，生产的优质巴氏杀菌奶中乳铁蛋白和β－乳球蛋白含量分别是进口巴氏杀菌奶的8倍和10倍。示范企业开发出安全健康、绿色低碳、营养鲜活的优质奶产品，核心竞争力显著提升，面对进口冲击时充满信心，从容应对。

2018年27家已经通过优质乳工程技术体系验收的示范企业，向市场供应优质巴氏杀菌奶31.7万吨，占到规模以上企业巴氏杀菌奶产量的50%以上，深受消费者喜爱，优质乳品牌已经形成较大市场影响力。据海关数据，从2007年至2016年，我国进口液态奶年均增长率72.0%，2017年进口70.2万吨，增速下降到7.2%，2018年进口70.0万吨，增速为-0.3%，12年来液态奶进口量首次出现下降（图5-6）。与此同时，2018年我国奶类生产恢复增长，奶类总产量同比增长2.9%，液态奶产量同比增长4.3%。

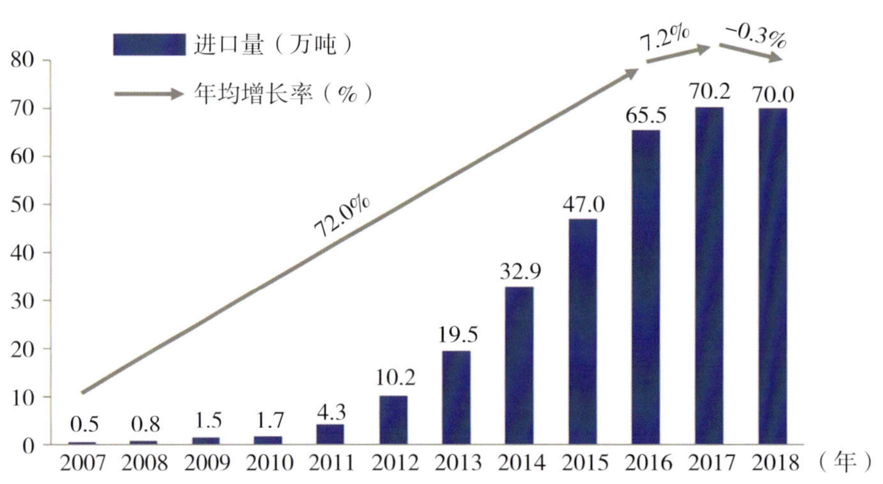

图5-6　2007—2018年液态奶进口量和增长率变化

注：依据中国海关数据计算

市场一增一减变化传递3个明确信息，一是我国奶业依靠全产业链品质升级，正在不断提升产业竞争力，开启优质发展模式；二是国产液态奶企业以供给侧结构性改革为突破口，不断开发出安全健康、绿色低碳、营养鲜活的优质奶产品，显著提升了市场竞争力，面对进口冲击时充满信心，从容应对；三是消费引导初见成效，“优质奶产自本土奶”的科学理念得到认可，消费者不再盲目迷信进口奶，逐渐回归理性消费。

参考文献

国家奶牛产业体系. 中国奶业经济月报[EB/OL]. 2020-03-10. http://www.boyar.cn/article/1075147.html

国家市场监督管理总局. 市场监管总局关于2019年下半年食品安全监督抽检情况分析的通告[EB/OL]. 2020-01-22. http://gkml.samr.gov.cn/nsjg/spcjs/202001/t20200123_310736.html

国家统计局. 全国牛奶产量年度数据[EB/OL]. http://data.stats.gov.cn/search.htm?s=牛奶

刘长全，韩磊，张元红. 2018. 中国奶业竞争力国际比较及发展思路[J]. 中国农村经济（7）：130-144.

刘长全，韩磊. 2020. 2019年中国奶业经济形势回顾及2020年展望[J]. 中国乳业（2）：12-18.

农业农村部. 奶业振兴成效有关情况发布会[EB/OL]. 2019-11-13. http://www.scio.gov.cn/xwfbh/gbwxwfbh/xwfbh/nyb/Document/1668482/1668482.htm

农业农村部新闻办公室. 第十届中国奶业大会在天津举办[EB/OL]. 2019-07-13. http://www.moa.gov.cn/xw/zwdt/201907/t20190713_6320884.htm.

欧盟食品与饲料快速预警系统[EB/OL]. https://ec.europa.eu/food/safety/rasffen.

商务部. 全国牛奶零售价格走势[EB/OL]. 2019-08-16. http://cif.mofcom.gov.cn/cif/html/marketDatas/index.html?nfcpgnxh.

孙赫，任金政. 2014. 基于ELES模型的中国城镇居民食品消费结构实证分析[J]. 农业展望，10（7）：70-74.

王玉庭，杜欣蔚，王兴文. 2018. 中美贸易战对我国奶业的影响[J]. 中国乳业（8）：14-16.

中国奶业年鉴编辑委员会. 2017. 中国奶业年鉴2017[M]. 北京：中国农业出版社.

中国奶业协会，农业农村部奶及奶制品质量监督检验测试中心. 2019. 中国奶业质量报告（2019）[M]. 北京：中国农业科学技术出版社.

中国奶业协会. 2019年奶业生产情况[EB/OL]. 2020-03-04.

https://www.dac.org.cn/read/newfxbg-20030320380595810924.jhtm

中国质量新闻网. 第三届中国乳业质量年会在京召开[EB/OL]. 2020−01−13. http://www.cqn.com.cn/zgzlb/content/2020-01/13/content_8021996.htm

中华人民共和国海关总署. 海关统计数据在线查询平台[EB/OL]. http://www.customs.gov.cn/.

FAO.Food and agriculture data[EB/OL]. 2019. The World Dairy Situation. http://www.fao.org/faostat/en/#data Bulletin of the International Dairy Federation.

Liu H，and Zhong F. 2009. Food consumption and demand elasticity：evidence from household survey data[J]. Journal of Nanjing Agricultural University（Social Sciences Edition）9（3）：36–43.

Schlimme E，Clawin-Ra decker I，Einhoff K，et al. 1996. Studies on distinguishing features for evaluating heat treatment of milk[J]. Kieler Milchwirtschaftliche Forschungsberichte，48：5−36.

致　谢

衷心感谢以下单位和项目的支持：

农业农村部农产品质量安全监管司

农业农村部畜牧兽医局

农业农村部农垦局

农业农村部奶产品质量安全风险评估实验室（北京）

农业农村部奶及奶制品质量监督检验测试中心（北京）

农业农村部奶及奶制品质量安全控制重点实验室

国家奶业科技创新联盟

中国农业科学院重大科研选题

国家奶产品质量安全风险评估重大专项

农产品（生鲜乳、复原乳）质量安全监管专项

公益性行业（农业）科研专项

国家奶牛产业技术体系

中国农业科学院科技创新工程

附录　通过优质乳工程验收企业及产品名录

序号	优质乳企业编号	企业名称	优质乳产品编号	产品名称	通过验收	第一次复评审	第一次抽检	第二次抽检	状态
1	CEMA-N001	昆明雪兰牛奶有限责任公司	CEMA-N00101PM	新希望雪兰24小时鲜牛乳250g屋顶盒	2016.9.6	2018.11.4	2019.10.23	计划开展（2020.4）	符合《优质乳工程管理办法》
2	CEMA-N001	昆明雪兰牛奶有限责任公司	CEMA-N00102PM	新希望雪兰24小时鲜牛乳950g屋顶盒	2016.9.6	2018.11.4	2019.10.23	计划开展（2020.4）	符合《优质乳工程管理办法》
3	CEMA-N002	现代牧业（蚌埠）有限公司	CEMA-N00201PM	2小时鲜牛奶250mL PET瓶	2016.10.22	无	无	无	暂无进展
4	CEMA-N002	现代牧业（蚌埠）有限公司	CEMA-N00202PM	2小时鲜牛奶1L PET瓶	2016.10.22	无	无	无	暂无进展
5	CEMA-N002	现代牧业（蚌埠）有限公司	CEMA-N00203UHT	纯牛奶250mL利乐包	2016.10.22	无	无	无	暂无进展
6	CEMA-N003	现代牧业（塞北）有限公司	CEMA-N00301PM	2小时鲜牛奶250mL PET瓶	2016.10.22	无	无	无	暂无进展
7	CEMA-N003	现代牧业（塞北）有限公司	CEMA-N00302PM	2小时鲜牛奶1L PET瓶	2016.10.22	无	无	无	暂无进展

（续表）

序号	优质乳企业编号	企业名称	优质乳产品编号	产品名称	通过验收	第一次复评审	第一次抽检	第二次抽检	状态
8	CEMA-N003	现代牧业（塞北）有限公司	CEMA-N00303UHT	纯牛奶250mL利乐包	2016.10.22	无	无	无	暂无进展
9	CEMA-N004	福建长富乳品有限公司	CEMA-N00401PM	长富巴氏鲜奶100%鲜牛奶200mL纸杯	2017.2.15	2018.8.5	2019.8.19	计划开展（2020.4）	符合《优质乳工程管理办法》
10	CEMA-N004	福建长富乳品有限公司	CEMA-N00402PM	长富致鲜100%鲜牛奶475mL屋顶盒	2018.8.5	计划开展（2020.8）	2019.8.19	计划开展（2020.4）	符合《优质乳工程管理办法》
11	CEMA-N004	福建长富乳品有限公司	CEMA-N00403PM	长富巴氏鲜奶100%鲜牛奶500mL屋顶盒	2018.8.5	计划开展（2020.8）	2019.8.19	计划开展（2020.4）	符合《优质乳工程管理办法》
12	CEMA-N004	福建长富乳品有限公司	CEMA-N00404PM	长富儿童巴氏鲜奶230mL屋顶盒	2018.8.5	计划开展（2020.8）	2019.8.19	计划开展（2020.4）	符合《优质乳工程管理办法》
13	CEMA-N004	福建长富乳品有限公司	CEMA-N00405PM	长富巴氏鲜奶100%鲜牛奶250mL屋顶盒	2018.8.5	计划开展（2020.8）	2019.8.19	计划开展（2020.4）	符合《优质乳工程管理办法》
14	CEMA-N004	福建长富乳品有限公司	CEMA-N00406PM	长富巴氏鲜奶100%鲜牛奶221mL袋	2018.8.5	计划开展（2020.8）	2019.8.19	计划开展（2020.4）	符合《优质乳工程管理办法》
15	CEMA-N004	福建长富乳品有限公司	CEMA-N00407PM	长富巴氏鲜奶鲜牛奶200mL玻璃瓶	2018.8.5	计划开展（2020.8）	2019.8.19	计划开展（2020.4）	符合《优质乳工程管理办法》

（续表）

序号	优质乳企业编号	企业名称	优质乳产品编号	产品名称	通过验收	第一次复评审	第一次抽检	第二次抽检	状态
16	CEMA-N004	福建长富乳品有限公司	CEMA-N00408PM	长富巴氏鲜奶100%鲜牛奶1L屋顶盒	2018.8.5	计划开展（2020.8）	2019.8.19	计划开展（2020.4）	符合《优质乳工程管理办法》
17	CEMA-N004	福建长富乳品有限公司	CEMA-N00409PM	长富致鲜100%鲜牛奶950mL屋顶盒	2018.8.5	计划开展（2020.8）	2019.8.19	计划开展（2020.4）	符合《优质乳工程管理办法》
18	CEMA-N005	辽宁辉山乳业集团（沈阳）有限公司	CEMA-N00501PM	辉山鲜博士75℃鲜鲜牛奶250mL屋顶盒	2017.3.18	2019.9.20	无	无	已调整
19	CEMA-N005	辽宁辉山乳业集团（沈阳）有限公司	CEMA-N00502PM	辉山鲜博士75℃鲜鲜牛奶485mL屋顶盒	2017.3.18	2019.9.20	无	无	已调整
20	CEMA-N005	辽宁辉山乳业集团（沈阳）有限公司	CEMA-N00503PM	辉山鲜博士75℃鲜鲜牛奶480mL PET瓶	2017.3.18	2019.9.20	无	无	已调整
21	CEMA-N005	辽宁辉山乳业集团（沈阳）有限公司	CEMA-N00504PM	辉山75℃鲜鲜牛奶220mL爱克林袋	2017.3.18	2019.9.20	计划开展（2020.4）	计划开展（2020.10）	符合《优质乳工程管理办法》
22	CEMA-N006	杭州新希望双峰乳业有限公司	CEMA-N00601PM	新希望24小时鲜牛乳200mL屋顶盒	2017.3.19	计划开展（2020.8）	2019.5.31	计划开展（2020.2）	符合《优质乳工程管理办法》

（续表）

序号	优质乳企业编号	企业名称	优质乳产品编号	产品名称	通过验收	第一次复评审	第一次抽检	第二次抽检	状态
23	CEMA-N006	杭州新希望双峰乳业有限公司	CEMA-N00602PM	新希望24小时鲜牛乳950mL屋顶盒	2017.3.19	计划开展（2020.8）	2019.5.31	计划开展（2020.2）	符合《优质乳工程管理办法》
24	CEMA-N007	四川新华西乳业有限公司	CEMA-N00701PM	新希望华西黄金24小时鲜牛乳850mL塑瓶	2017.3.27	计划开展（2020.8）	2019.6.13	计划开展（2020.2）	符合《优质乳工程管理办法》
25	CEMA-N007	四川新华西乳业有限公司	CEMA-N00702PM	新希望华西24小时鲜牛乳950mL屋顶盒	2017.3.27	计划开展（2020.8）	2019.6.13	计划开展（2020.2）	符合《优质乳工程管理办法》
26	CEMA-N007	四川新华西乳业有限公司	CEMA-N00703PM	新希望华西24小时鲜牛乳500mL屋顶盒	计划开展（2020.8）	计划开展（2022.8）	2019.6.13	计划开展（2020.2）	符合《优质乳工程管理办法》
27	CEMA-N008	重庆市天友乳业股份有限公司	CEMA-N00801PM	天友鲜活时速鲜牛奶220mL屋顶盒	2017.4.15	无	2019.2.22	无	已调整
28	CEMA-N008	重庆市天友乳业股份有限公司	CEMA-N00802PM	天友鲜活时速鲜牛奶950mL屋顶盒	2017.4.15	计划开展（2020.1）	2019.2.22	计划开展（2020.7）	符合《优质乳工程管理办法》
29	CEMA-N008	重庆市天友乳业股份有限公司	CEMA-N00803PM	天友纯鲜牛奶950mL屋顶盒	计划开展（2020.1）	计划开展（2022.1）	2019.9.11	计划开展（2020.7）	符合《优质乳工程管理办法》
30	CEMA-N009	青岛新希望琴牌乳业有限公司	CEMA-N00901PM	新希望琴牌24小时鲜牛乳250mL屋顶盒	2017.5.2	计划开展（2020.8）	2018.11.12	2019.7.4	符合《优质乳工程管理办法》

（续表）

序号	优质乳企业编号	企业名称	优质乳产品编号	产品名称	通过验收	第一次复评审	第一次抽检	第二次抽检	状态
31	CEMA-N009	青岛新希望琴牌乳业有限公司	CEMA-N00902PM	新希望琴牌24小时鲜牛乳480mL屋顶盒	2017.5.2	计划开展（2020.8）	2018.11.12	2019.7.4	符合《优质乳工程管理办法》
32	CEMA-N009	青岛新希望琴牌乳业有限公司	CEMA-N00903PM	新希望琴牌24小时鲜牛乳950mL屋顶盒	2017.5.2	计划开展（2020.8）	2018.11.12	2019.7.4	符合《优质乳工程管理办法》
33	CEMA-N010	中垦华山牧乳业有限公司	CEMA-N01001PM	华山牧鲜活巴氏奶鲜牛奶950mL屋顶盒	2017.10.14	计划开展（2020.6）	2018.11.12	2019.12.1	符合《优质乳工程管理办法》
34	CEMA-N010	中垦华山牧乳业有限公司	CEMA-N01002PM	华山牧鲜活巴氏奶鲜牛奶250mL屋顶盒	2017.10.14	无	2018.11.12	无	已调整
35	CEMA-N010	中垦华山牧乳业有限公司	CEMA-N01003PM	华山牧鲜活巴氏奶鲜牛奶250mL PET瓶	2017.10.14	无	2018.11.12	无	已调整
36	CEMA-N010	中垦华山牧乳业有限公司	CEMA-N01004PM	华山牧鲜活巴氏奶鲜牛奶200mL玻璃瓶	2017.10.14	无	2018.11.12	无	已调整
37	CEMA-N010	中垦华山牧乳业有限公司	CEMA-N01005PM	华山牧有机鲜牛奶250mL PET瓶	计划开展（2020.6）	计划开展（2022.6）	2019.12.1	计划开展（2020.12）	符合《优质乳工程管理办法》
38	CEMA-N011	上海乳品四厂有限公司	CEMA-N01101PM	光明乐在新鲜鲜牛奶200mL纸杯	2017.12.16	计划开展（2020.6）	2019.4.25	计划开展（2020.12）	符合《优质乳工程管理办法》

（续表）

序号	优质乳企业编号	企业名称	优质乳产品编号	产品名称	通过验收	第一次复评审	第一次抽检	第二次抽检	状态
39	CEMA-N011	上海乳品四厂有限公司	CEMA-N01102PM	光明乐在新鲜鲜牛奶1.5L桶	2017.12.16	计划开展（2020.6）	2019.4.25	计划开展（2020.12）	符合《优质乳工程管理办法》
40	CEMA-N011	上海乳品四厂有限公司	CEMA-N01103PM	光明鲜牛奶220mL玻璃瓶	2017.12.16	计划开展（2020.6）	2019.4.25	计划开展（2020.12）	符合《优质乳工程管理办法》
41	CEMA-N011	上海乳品四厂有限公司	CEMA-N01104PM	光明紫光鲜牛奶195mL玻璃瓶	2017.12.16	计划开展（2020.6）	2019.4.25	计划开展（2020.12）	符合《优质乳工程管理办法》
42	CEMA-N011	上海乳品四厂有限公司	CEMA-N01105PM	光明紫光鲜牛奶220mL玻璃瓶	2017.12.16	计划开展（2020.6）	2019.4.25	计划开展（2020.12）	符合《优质乳工程管理办法》
43	CEMA-N011	上海乳品四厂有限公司	CEMA-N01106PM	光明1号香浓鲜牛奶220mL玻璃瓶	2017.12.16	计划开展（2020.6）	2019.4.25	计划开展（2020.12）	符合《优质乳工程管理办法》
44	CEMA-N011	上海乳品四厂有限公司	CEMA-N01107PM	光明0脂肪鲜牛奶200mL纸杯	2017.12.16	计划开展（2020.6）	2019.5.29	计划开展（2020.12）	符合《优质乳工程管理办法》
45	CEMA-N011	上海乳品四厂有限公司	CEMA-N01108PM	光明优倍高品质鲜牛奶200mL纸杯	2017.12.16	计划开展（2020.6）	2019.5.29	计划开展（2020.12）	符合《优质乳工程管理办法》
46	CEMA-N012	光明乳业股份有限公司华东中心工厂	CEMA-N01201PM	光明优倍高品质鲜牛奶200mL屋顶盒	2017.12.16	计划开展（2020.6）	2018.11.14	计划开展（2020.12）	符合《优质乳工程管理办法》

（续表）

序号	优质乳企业编号	企业名称	优质乳产品编号	产品名称	通过验收	第一次复评审	第一次抽检	第二次抽检	状态
47	CEMA-N012	光明乳业股份有限公司华东中心工厂	CEMA-N01202PM	光明优倍高品质鲜牛奶500mL屋顶盒	2017.12.16	计划开展（2020.6）	2018.11.14	计划开展（2020.12）	符合《优质乳工程管理办法》
48	CEMA-N012	光明乳业股份有限公司华东中心工厂	CEMA-N01203PM	光明优倍高品质鲜牛奶950mL屋顶盒	2017.12.16	计划开展（2020.6）	2018.11.14	计划开展（2020.12）	符合《优质乳工程管理办法》
49	CEMA-N012	光明乳业股份有限公司华东中心工厂	CEMA-N01204PM	光明优倍高品质鲜牛奶1.35L屋顶盒	2017.12.16	计划开展（2020.6）	2018.11.14	计划开展（2020.12）	符合《优质乳工程管理办法》
50	CEMA-N012	光明乳业股份有限公司华东中心工厂	CEMA-N01205PM	光明优倍高品质鲜牛奶200mL纸杯	2017.12.16	计划开展（2020.6）	2019.4.25	计划开展（2020.12）	符合《优质乳工程管理办法》
51	CEMA-N012	光明乳业股份有限公司华东中心工厂	CEMA-N01206PM	光明优倍高品质鲜牛奶260mL纸杯	2017.12.16	计划开展（2020.6）	2019.4.25	计划开展（2020.12）	符合《优质乳工程管理办法》
52	CEMA-N012	光明乳业股份有限公司华东中心工厂	CEMA-N01207PM	光明优倍0脂肪鲜牛奶200mL纸杯	2017.12.16	计划开展（2020.6）	2019.4.25	计划开展（2020.12）	符合《优质乳工程管理办法》

（续表）

序号	优质乳企业编号	企业名称	优质乳产品编号	产品名称	通过验收	第一次复评审	第一次抽检	第二次抽检	状态
53	CEMA-N012	光明乳业股份有限公司华东中心工厂	CEMA-N01208PM	光明优倍0脂肪鲜牛奶950mL屋顶盒	2017.12.16	计划开展（2020.6）	2018.11.14	计划开展（2020.12）	符合《优质乳工程管理办法》
54	CEMA-N012	光明乳业股份有限公司华东中心工厂	CEMA-N01209PM	光明0脂肪鲜牛奶950mL屋顶盒	2017.12.16	计划开展（2020.6）	2018.11.14	计划开展（2020.12）	符合《优质乳工程管理办法》
55	CEMA-N012	光明乳业股份有限公司华东中心工厂	CEMA-N01210PM	光明乐在新鲜鲜牛奶200mL屋顶盒	2017.12.16	计划开展（2020.6）	2018.11.14	计划开展（2020.12）	符合《优质乳工程管理办法》
56	CEMA-N012	光明乳业股份有限公司华东中心工厂	CEMA-N01211PM	光明乐在新鲜鲜牛奶500mL屋顶盒	2017.12.16	计划开展（2020.6）	2018.11.14	计划开展（2020.12）	符合《优质乳工程管理办法》
57	CEMA-N012	光明乳业股份有限公司华东中心工厂	CEMA-N01212PM	光明乐在新鲜鲜牛奶980mL屋顶盒	2017.12.16	计划开展（2020.6）	2018.11.14	计划开展（2020.12）	符合《优质乳工程管理办法》
58	CEMA-N012	光明乳业股份有限公司华东中心工厂	CEMA-N01213PM	光明乐在新鲜鲜牛奶1.5L桶	2017.12.16	计划开展（2020.6）	2018.11.14	计划开展（2020.12）	符合《优质乳工程管理办法》

（续表）

序号	优质乳企业编号	企业名称	优质乳产品编号	产品名称	通过验收	第一次复评审	第一次抽检	第二次抽检	状态
59	CEMA-N013	河北新希望天香乳业有限公司	CEMA-N01301PM	新希望鲜时送鲜牛奶190mL玻璃瓶	2017.12.18	计划开展（2020.8）	2019.10.18	计划开展（2020.2）	符合《优质乳工程管理办法》
60	CEMA-N014	新希望双喜乳业（苏州）有限公司	CEMA-N01401PM	新希望24小时鲜牛乳950mL屋顶盒	2017.12.29	无	无	无	暂不生产
61	CEMA-N015	广东燕塘乳业股份有限公司	CEMA-N01501PM	燕塘鲜牛奶946mL屋顶盒	2018.4.22	计划开展（2020.4）	2018.10.6	2019.10.19	符合《优质乳工程管理办法》
62	CEMA-N015	广东燕塘乳业股份有限公司	CEMA-N01502PM	燕塘鲜牛奶236mL屋顶盒	2018.4.22	计划开展（2020.4）	2018.10.6	2019.10.19	符合《优质乳工程管理办法》
63	CEMA-N015	广东燕塘乳业股份有限公司	CEMA-N01503PM	燕塘鲜牛奶180mL屋顶盒	2018.4.22	计划开展（2020.4）	2018.10.6	2019.10.19	符合《优质乳工程管理办法》
64	CEMA-N015	广东燕塘乳业股份有限公司	CEMA-N01504PM	燕塘广州塔鲜牛奶946mL屋顶盒	2019.10.19	计划开展（2020.4）	计划开展（2020.10）	计划开展（2021.4）	符合《优质乳工程管理办法》
65	CEMA-N016	广州风行乳业股份有限公司	CEMA-N01601PM	风行仙泉湖牧场鲜牛奶946mL屋顶盒	2018.4.22	计划开展（2020.4）	2018.10.9	2019.10.19	符合《优质乳工程管理办法》
66	CEMA-N017	山东得益乳业股份有限公司	CEMA-N01701PM	得益鲜牛奶950mL屋顶盒	2018.5.24	计划开展（2020.5）	2019.11.9	计划开展（2020.11）	符合《优质乳工程管理办法》

（续表）

序号	优质乳企业编号	企业名称	优质乳产品编号	产品名称	通过验收	第一次复评审	第一次抽检	第二次抽检	状态
67	CEMA-N017	山东得益乳业股份有限公司	CEMA-N01702PM	得益鲜牛奶200mL屋顶盒	2018.5.24	计划开展（2020.5）	2019.11.9	计划开展（2020.11）	符合《优质乳工程管理办法》
68	CEMA-N018	上海永安乳品有限公司	CEMA-N01801PM	光明鲜牛奶200mL袋	2018.6.20	计划开展（2020.6）	2019.11.4	计划开展（2020.12）	符合《优质乳工程管理办法》
69	CEMA-N018	上海永安乳品有限公司	CEMA-N01802PM	光明新鲜包高品鲜牛奶200mL袋	2018.6.20	计划开展（2020.6）	2019.11.4	计划开展（2020.12）	符合《优质乳工程管理办法》
70	CEMA-N018	上海永安乳品有限公司	CEMA-N01803PM	光明紫光消毒牛奶鲜牛奶194mL袋	2018.6.20	计划开展（2020.6）	2019.11.4	计划开展（2020.12）	符合《优质乳工程管理办法》
71	CEMA-N019	浙江省杭江牛奶公司乳品厂	CEMA-N01901PM	光明乐在新鲜鲜牛奶980mL屋顶盒	2018.6.21	计划开展（2020.6）	2019.11.4	计划开展（2020.12）	符合《优质乳工程管理办法》
72	CEMA-N019	浙江省杭江牛奶公司乳品厂	CEMA-N01902PM	光明乐在新鲜鲜牛奶500mL屋顶盒	2018.6.21	计划开展（2020.6）	2019.11.4	计划开展（2020.12）	符合《优质乳工程管理办法》
73	CEMA-N019	浙江省杭江牛奶公司乳品厂	CEMA-N01903PM	光明乐在新鲜鲜牛奶200mL屋顶盒	2018.6.21	计划开展（2020.6）	2019.11.4	计划开展（2020.12）	符合《优质乳工程管理办法》
74	CEMA-N019	浙江省杭江牛奶公司乳品厂	CEMA-N01904PM	光明乐在新鲜鲜牛奶200mL纸杯	2018.6.21	计划开展（2020.6）	2019.11.4	计划开展（2020.12）	符合《优质乳工程管理办法》
75	CEMA-N019	浙江省杭江牛奶公司乳品厂	CEMA-N01905PM	光明轻巧包鲜牛奶180mL爱克林袋	2018.6.21	计划开展（2020.6）	2019.11.4	计划开展（2020.12）	符合《优质乳工程管理办法》

（续表）

序号	优质乳企业编号	企业名称	优质乳产品编号	产品名称	通过验收	第一次复评审	第一次抽检	第二次抽检	状态
76	CEMA-N019	浙江省杭江牛奶公司乳品厂	CEMA-N01906PM	光明优倍高品质鲜牛奶950mL屋顶盒	2018.6.21	计划开展（2020.6）	2019.11.4	计划开展（2020.12）	符合《优质乳工程管理办法》
77	CEMA-N019	浙江省杭江牛奶公司乳品厂	CEMA-N01907PM	光明优倍高品质鲜牛奶500mL屋顶盒	2018.6.21	计划开展（2020.6）	2019.11.4	计划开展（2020.12）	符合《优质乳工程管理办法》
78	CEMA-N019	浙江省杭江牛奶公司乳品厂	CEMA-N01908PM	光明优倍高品质鲜牛奶200mL屋顶盒	2018.6.21	计划开展（2020.6）	2019.11.4	计划开展（2020.12）	符合《优质乳工程管理办法》
79	CEMA-N019	浙江省杭江牛奶公司乳品厂	CEMA-N01909PM	光明优倍高品质鲜牛奶200mL纸杯	2018.6.21	计划开展（2020.6）	2019.11.4	计划开展（2020.12）	符合《优质乳工程管理办法》
80	CEMA-N020	南京光明乳品有限公司	CEMA-N02001PM	光明紫光鲜牛奶195mL玻璃瓶	2018.6.22	计划开展（2020.6）	2019.10.24	计划开展（2020.12）	符合《优质乳工程管理办法》
81	CEMA-N020	南京光明乳品有限公司	CEMA-N02002PM	光明鲜牛奶195mL玻璃瓶	2018.6.22	计划开展（2020.6）	2019.10.24	计划开展（2020.12）	符合《优质乳工程管理办法》
82	CEMA-N020	南京光明乳品有限公司	CEMA-N02003PM	光明乐在新鲜鲜牛奶200mL纸杯	2018.6.22	计划开展（2020.6）	2019.10.24	计划开展（2020.12）	符合《优质乳工程管理办法》
83	CEMA-N021	武汉光明乳品有限公司	CEMA-N02101PM	光明乐在新鲜高品鲜牛奶180mL爱克林袋	2018.6.23	计划开展（2020.6）	2019.10.24	计划开展（2020.12）	符合《优质乳工程管理办法》
84	CEMA-N021	武汉光明乳品有限公司	CEMA-N02102PM	光明乐在新鲜鲜牛奶950mL屋顶盒	2018.6.23	计划开展（2020.6）	2019.10.24	计划开展（2020.12）	符合《优质乳工程管理办法》

（续表）

序号	优质乳企业编号	企业名称	优质乳产品编号	产品名称	通过验收	第一次复评审	第一次抽检	第二次抽检	状态
85	CEMA-N021	武汉光明乳品有限公司	CEMA-N02103PM	光明乐在新鲜鲜牛奶460mL屋顶盒	2018.6.23	计划开展（2020.6）	2019.10.24	计划开展（2020.12）	符合《优质乳工程管理办法》
86	CEMA-N021	武汉光明乳品有限公司	CEMA-N02104PM	光明乐在新鲜鲜牛奶180mL屋顶盒	2018.6.23	计划开展（2020.6）	2019.10.24	计划开展（2020.12）	符合《优质乳工程管理办法》
87	CEMA-N021	武汉光明乳品有限公司	CEMA-N02105PM	光明优倍高品质鲜牛奶1.2L桶	2018.6.23	计划开展（2020.6）	2019.10.24	计划开展（2020.12）	符合《优质乳工程管理办法》
88	CEMA-N021	武汉光明乳品有限公司	CEMA-N02106PM	光明优倍高品质鲜牛奶180mL纸杯	2018.6.23	计划开展（2020.6）	2019.10.24	计划开展（2020.12）	符合《优质乳工程管理办法》
89	CEMA-N021	武汉光明乳品有限公司	CEMA-N02107PM	光明优倍高品质鲜牛奶950mL屋顶盒	2018.6.23	计划开展（2020.6）	2019.10.24	计划开展（2020.12）	符合《优质乳工程管理办法》
90	CEMA-N021	武汉光明乳品有限公司	CEMA-N02108PM	光明优倍高品质鲜牛奶460mL屋顶盒	2018.6.23	计划开展（2020.6）	2019.10.24	计划开展（2020.12）	符合《优质乳工程管理办法》
91	CEMA-N021	武汉光明乳品有限公司	CEMA-N02109PM	光明优倍高品质鲜牛奶180mL屋顶盒	2018.6.23	计划开展（2020.6）	2019.10.24	计划开展（2020.12）	符合《优质乳工程管理办法》
92	CEMA-N022	广州光明乳品有限公司	CEMA-N02201PM	家里养了头澳洲牛鲜牛奶946mL屋顶盒	2018.6.25	计划开展（2020.6）	2019.10.19	计划开展（2020.12）	符合《优质乳工程管理办法》
93	CEMA-N022	广州光明乳品有限公司	CEMA-N02202PM	家里养了头澳洲牛鲜牛奶236mL屋顶盒	2018.6.25	计划开展（2020.6）	2019.10.19	计划开展（2020.12）	符合《优质乳工程管理办法》

（续表）

序号	优质乳企业编号	企业名称	优质乳产品编号	产品名称	通过验收	第一次复评审	第一次抽检	第二次抽检	状态
94	CEMA-N022	广州光明乳品有限公司	CEMA-N02203PM	光明优倍高品质鲜牛奶946mL屋顶盒	2018.6.25	计划开展（2020.6）	2019.10.19	计划开展（2020.12）	符合《优质乳工程管理办法》
95	CEMA-N022	广州光明乳品有限公司	CEMA-N02204PM	光明优倍高品质鲜牛奶236mL屋顶盒	2018.6.25	计划开展（2020.6）	2019.10.19	计划开展（2020.12）	符合《优质乳工程管理办法》
96	CEMA-N023	北京光明健能乳业有限公司	CEMA-N02301PM	光明特品鲜牛奶243mL袋	2018.6.26	计划开展（2020.6）	2019.11.19	计划开展（2020.12）	符合《优质乳工程管理办法》
97	CEMA-N023	北京光明健能乳业有限公司	CEMA-N02302PM	光明新鲜包鲜牛奶220mL袋	2018.6.26	计划开展（2020.6）	2019.11.19	计划开展（2020.12）	符合《优质乳工程管理办法》
98	CEMA-N023	北京光明健能乳业有限公司	CEMA-N02303PM	光明优倍高品质鲜牛奶200mL屋顶盒	2018.6.26	计划开展（2020.6）	2019.11.19	计划开展（2020.12）	符合《优质乳工程管理办法》
99	CEMA-N023	北京光明健能乳业有限公司	CEMA-N02304PM	光明优倍高品质鲜牛奶500mL屋顶盒	2018.6.26	计划开展（2020.6）	2019.11.19	计划开展（2020.12）	符合《优质乳工程管理办法》
100	CEMA-N023	北京光明健能乳业有限公司	CEMA-N02305PM	光明优倍高品质鲜牛奶950mL屋顶盒	2018.6.26	计划开展（2020.6）	2019.11.19	计划开展（2020.12）	符合《优质乳工程管理办法》
101	CEMA-N023	北京光明健能乳业有限公司	CEMA-N02306PM	光明乐在新鲜鲜牛奶200mL屋顶盒	2018.6.26	计划开展（2020.6）	2019.11.19	计划开展（2020.12）	符合《优质乳工程管理办法》

（续表）

序号	优质乳企业编号	企业名称	优质乳产品编号	产品名称	通过验收	第一次复评审	第一次抽检	第二次抽检	状态
102	CEMA-N023	北京光明健能乳业有限公司	CEMA-N02307PM	光明乐在新鲜鲜牛奶500mL屋顶盒	2018.6.26	计划开展（2020.6）	2019.11.19	计划开展（2020.12）	符合《优质乳工程管理办法》
103	CEMA-N023	北京光明健能乳业有限公司	CEMA-N02308PM	光明乐在新鲜鲜牛奶980mL屋顶盒	2018.6.26	计划开展（2020.6）	2019.11.19	计划开展（2020.12）	符合《优质乳工程管理办法》
104	CEMA-N024	西昌新希望三牧乳业有限公司	CEMA-N02401PM	新希望鲜牛乳250mL屋顶盒	2018.6.26	无	无	无	暂不生产
105	CEMA-N024	西昌新希望三牧乳业有限公司	CEMA-N02402PM	新希望鲜牛乳500mL屋顶盒	2018.6.26	无	无	无	暂不生产
106	CEMA-N025	成都光明乳业有限公司	CEMA-N02501PM	光明乐在新鲜鲜牛奶200mL屋顶盒	2018.6.27	计划开展（2020.6）	2019.11.4	计划开展（2020.12）	符合《优质乳工程管理办法》
107	CEMA-N025	成都光明乳业有限公司	CEMA-N02502PM	光明乐在新鲜鲜牛奶500mL屋顶盒	2018.6.27	计划开展（2020.6）	2019.11.4	计划开展（2020.12）	符合《优质乳工程管理办法》
108	CEMA-N025	成都光明乳业有限公司	CEMA-N02503PM	光明乐在新鲜鲜牛奶980mL屋顶盒	2018.6.27	计划开展（2020.6）	2019.11.4	计划开展（2020.12）	符合《优质乳工程管理办法》
109	CEMA-N025	成都光明乳业有限公司	CEMA-N02504PM	光明优倍高品质鲜牛奶200mL屋顶盒	2018.6.27	计划开展（2020.6）	2019.11.4	计划开展（2020.12）	符合《优质乳工程管理办法》

（续表）

序号	优质乳企业编号	企业名称	优质乳产品编号	产品名称	通过验收	第一次复评审	第一次抽检	第二次抽检	状态
110	CEMA-N025	成都光明乳业有限公司	CEMA-N02505PM	光明优倍高品质鲜牛奶500mL屋顶盒	2018.6.27	计划开展（2020.6）	2019.11.4	计划开展（2020.12）	符合《优质乳工程管理办法》
111	CEMA-N025	成都光明乳业有限公司	CEMA-N02506PM	光明优倍高品质鲜牛奶950mL屋顶盒	2018.6.27	计划开展（2020.6）	2019.11.4	计划开展（2020.12）	符合《优质乳工程管理办法》
112	CEMA-N026	安徽新希望白帝乳业有限公司	CEMA-N02601PM	新希望白帝24小时鲜牛乳195g玻璃瓶	2018.10.28	计划开展（2020.10）	2019.11.7	计划开展（2020.4）	符合《优质乳工程管理办法》
113	CEMA-N026	安徽新希望白帝乳业有限公司	CEMA-N02602PM	新希望24鲜牛乳255mL PET瓶	计划开展（2020.10）	计划开展（2022.10）	2019.11.7	计划开展（2020.4）	符合《优质乳工程管理办法》
114	CEMA-N027	南京卫岗乳业有限公司	CEMA-N02701PM	卫岗鲜牛奶245mL屋顶盒	2018.11.11	无	无	无	已调整
115	CEMA-N027	南京卫岗乳业有限公司	CEMA-N02702PM	卫岗鲜牛奶490mL屋顶盒	2018.11.11	无	无	无	已调整
116	CEMA-N027	南京卫岗乳业有限公司	CEMA-N02703PM	卫岗鲜牛奶980mL屋顶盒	2018.11.11	无	无	无	已调整
117	CEMA-N027	南京卫岗乳业有限公司	CEMA-N02704PM	卫岗至淳鲜牛奶950mL屋顶盒	计划开展（2020.8）	计划开展（2022.8）	2019.10.22	计划开展（2020.3）	符合《优质乳工程管理办法》

（续表）

序号	优质乳企业编号	企业名称	优质乳产品编号	产品名称	通过验收	第一次复评审	第一次抽检	第二次抽检	状态
118	CEMA-N027	南京卫岗乳业有限公司	CEMA-N02705PM	卫岗至淳鲜牛奶195mL玻璃瓶	计划开展（2020.8）	计划开展（2022.8）	2019.10.22	计划开展（2020.3）	符合《优质乳工程管理办法》
119	CEMA-N028	湖南新希望南山液态乳业有限公司	CEMA-N02801PM	新希望24小时鲜牛乳250mL屋顶盒	2018.12.24	计划开展（2020.10）	2019.11.1	计划开展（2020.4）	符合《优质乳工程管理办法》
120	CEMA-N028	湖南新希望南山液态乳业有限公司	CEMA-N02802PM	新希望24小时鲜牛乳950mL屋顶盒	2018.12.24	计划开展（2020.10）	2019.11.1	计划开展（2020.4）	符合《优质乳工程管理办法》
121	CEMA-N028	湖南新希望南山液态乳业有限公司	CEMA-N02803PM	新希望南山24小时鲜牛乳195mL玻璃瓶	2018.12.24	计划开展（2020.10）	2019.11.1	计划开展（2020.4）	符合《优质乳工程管理办法》
122	CEMA-N029	河南花花牛乳业集团有限公司	CEMA-N02901PM	花花牛巴氏鲜牛奶200g爱克林袋	2019.6.21	计划开展（2021.6）	计划开展（2020.5）	计划开展（2020.11）	符合《优质乳工程管理办法》
123	CEMA-N029	河南花花牛乳业集团有限公司	CEMA-N02902PM	花花牛巴氏鲜牛奶180g百利包袋	2019.6.21	计划开展（2021.6）	计划开展（2020.5）	计划开展（2020.11）	符合《优质乳工程管理办法》

注：信息汇总截至2019年12月31日